新父母必读

0-3岁婴幼儿养育精典

主　编　杨玉厚

副主编　惠国钟

河南人民出版社

本书编委会

主　任　杨玉厚
副主任　王晓红
编　委　（以姓氏笔画为序）
　　　　王晓红　牛银春　陈智英　李　敏
　　　　李玉峰　杜保民　杨玉厚　杨连秀
　　　　贺国立　惠国钟

图书在版编目（CIP）数据

新父母必读：0~3岁婴幼儿养育精典／杨玉厚主编．—
郑州：河南人民出版社，2016.6
ISBN 978-7-215-09956-2

Ⅰ．①新… Ⅱ．①杨… Ⅲ．①婴幼儿－哺育－基本知识
Ⅳ．①TS976.31

中国版本图书馆 CIP 数据核字（2016）第 067699 号

河南人民出版社出版发行
（地址：郑州市经五路 66 号　邮政编码：450002　电话：65788068）
新华书店经销　　　　　河南天虹印刷有限责任公司印刷
开本 890 毫米×1240 毫米　　1／32　　印张 8
字数 197 千字
2016 年 6 月第 1 版　　　　　2016 年 6 月第 1 次印刷
定价：25.00 元

　　历史进入当代，在世界许多国家兴起了早教的风潮。改革开放以后，这股风也吹到了中国。何谓早教，即尽早对孩子进行教育。科学家说，如果在婴儿出生的第三天对他进行教育，那就迟了两天了。因此，早期教育就是孩子一出生就要开始进行的教育。

　　0～3岁这段时间，是婴幼儿生理、心理、认知、情感、动作发展变化非常快的时期。为了使婴幼儿健康发育、聪明活泼地成长，父母需要了解婴幼儿生长发育知识，掌握婴幼儿成长的基本规律。为此，我们组织有关专家教授在调查研究的基础上，编写了这本《新父母必读——0～3岁婴幼儿养育精典》（以下简称《新父母必读》）。

　　习近平总书记指出，家庭是孩子的第一所学校，父母是孩子的第一任老师。为了提高父母对0～3岁宝宝早期教育的认识，引导家长逐步树立早教意识，《新父母必读》积极探索0～3岁早期养育模式，帮助家长增强科学养育能力，使宝宝能够健康活泼地成长。

　　为进一步推进早教工作的系统性，实现0～3岁婴幼儿教养整体化、系统化、科学化，《新父母必读》渗透着最新的教养理念：

1. 关爱婴幼儿，满足婴幼儿需求。重视婴幼儿的情感关怀，强调以亲为先，以情为主，关爱宝宝，满足婴幼儿成长的需求。创设良好环境，在宽松的氛围中，让婴幼儿开心、开口、开窍。尊重婴幼儿的意愿，使他们健康、愉快地成长。

2. 以养为主，教养融合，强调婴幼儿的身心健康是发展的基础。家长在教养宝宝中，应把宝宝的健康、安全及养育工作放在首位。坚持保养与教育紧密结合的原则，保中有教，教中重保，自然渗透，教养合一，促进婴幼儿生理与心理的和谐发展。

3. 关注发育，顺应发展。强调全面关心、关注、关怀婴幼儿的成长过程。在教养实践中，要把握成长阶段和发展过程，关注多元智能和发展差异。关注经验获得的机会和发展潜能，顺应儿童的天性，让他们在丰富、适宜的环境中自然成长，和谐成长。

4. 因人而异，开启潜能。重视婴幼儿在发育与健康、感知与运动、认知与语言、情感与社会性等方面的发展差异，提倡更多地实施个别化的教养，使保教工作以自然差异为基础。充分利用日常生活与游戏中的学习情景，开启婴幼儿潜能，推进发展。

心理学研究显示，0~3 岁是人各种能力发展的关键期，此阶段的生长发育会影响孩子一生的发展。1 岁半左右有意注意开始萌芽，2 岁以后分解性观察能力开始萌芽，抽象思维能力和想象能力开始发展，这一时段也是孩子语言发展的关键期；3 岁时想象力插上翅膀，进入创造能力发展的旺盛期。

希望本书能对新生儿父母教养宝宝有一定的帮助，让宝宝有一个最佳人生开端！

后记

第一编

0~3 岁婴幼儿的生长发育与心理发展

第一章
0~3岁婴幼儿的生理特点和规律

生长发育是各期儿童共同、主要的生理特点。生长一般指形体数和量的增加，也称为体格生长或体格发育。发育是指细胞、组织、器官的成熟与功能的完善。生长和发育两者紧密相关，生长是发育的物质基础，而发育的成熟状况又反映在数量变化上。由于受到遗传、营养、疾病、环境和教育等影响，各人可有各自的生长发育特点和潜力，但总的来说还是有共同、相似的规律。

第一节 0~3岁婴幼儿的生长发育特点

一、连续性和阶段性

生长发育在整个儿童时期不断进行，但各年龄阶段有各自的特点，不同年龄阶段的生长速度不同。例如，体重和身长在出生后第一年，尤其是前三个月增加很快，第一年为出生后的第一个生长高峰期，第二年以后生长速度逐渐减慢，至青春期生长速度再次加快。

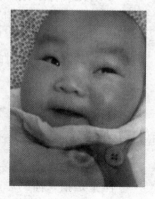

图 1-1 放眼看世界

二、头在婴幼儿期领先生长

头在胎儿期和婴幼儿期领先生长，而后生长不多。婴儿出生时头大、身体小、肢体短，以后四肢的增长速度快于躯干，渐渐变成躯干粗、四肢长，同时胸围增大的速度大于头围，出现了成人体型。婴儿头部高度约占身高的1/4，成人头部高度约占身高的1/8。

三、各系统发育不平衡性

人体各系统的发育快慢不一。神经系统发育较早，脑在出生后头两年发育最快，5岁儿童脑的重量和大小已接近成人水平；淋巴系统在出生后生长迅速，于青春期前达到高峰，以后逐渐减缓；生殖系统到青春期才迅速发育。其他如呼吸、循环、消化、泌尿、运动等系统的发育基本与体格生长相平行。这种各系统发育速度的不同与其在不同年龄的生理功能有关。

四、个体差异

婴幼儿发育虽按一定规律进行，但其在一定范围内受遗传、环境的影响，存在着相当大的个体差异，每个人生长的"轨道"不会完全相同。因此，婴幼儿生长发育水平有一定的正常范围，所谓的正常值不是绝对的，评价时必须考虑个体差异。

第二节　0~3岁婴幼儿的生长发育规律

一、体重

体重是指人体的总重量。它是衡量儿童体格生长及近期营养状况最灵敏、实用的指标。

常用的体重计算公式为：

3~12个月体重 = （年龄 + 9）/2（kg）

1~6岁体重 = 年龄 × 2 + 8（kg）

7~12岁体重 = （年龄 × 7 − 5）/2（kg）

二、身长（高）

身长（高）是指头顶到足底的长度。它是反映儿童远期营养状况的指标。

常用的身长计算公式为：

2~12岁身长 = 年龄 × 7 + 77（cm）

三、头围

头围反映头颅和脑的大小及发育情况。婴儿出生时头围为33~34cm；6个月时约为43cm；1岁时约为46 cm；2岁时约为48 cm；5岁时约为50 cm；15岁时接近成人，约为54~58 cm。

图1-2　宝宝在想什么呢?

四、胸廓

婴儿出生时胸廓呈圆筒状，胸围比头围小1~2 cm；随着年龄增长，胸廓的横径快速增加，至12~21个月时胸围大于头围。

五、腹部

婴儿期胸围与腹围相近，以后腹围小于胸围。

六、骨骼

骨化自胎儿期开始，直至成年期结束。可从成骨中心数量及骺部接合情形判断骨骼发育年龄（简称骨龄）。6~8岁前骨龄约

为年龄（岁）加1。可根据头围大小、骨缝和前后囟门闭合的迟
早情况等来衡量颅骨的发育水平。前囟门对边中点连线长度在出
生时为1.5~2.0 cm，后随颅骨发育而增大，6 个月后逐渐变小，
在1~1.5 岁时闭合。

七、牙齿

牙齿发育是骨成熟的一个粗指标。牙齿从胎龄5 个月起开始
钙化，至出生后1 岁钙化完全。婴儿在出生后4~10 个月开始出
乳牙，至2.5 岁乳牙出齐，共20 颗。

第三节　0~3 岁婴幼儿的各期生理特点

一、0~1 岁婴儿的生理特点

(一) 胎儿期的生理特点

胎儿期是指卵子与精子结合（受孕）至胎儿娩出前这段时
期。正常胎儿期约40 周（40±2 周）。它可分为三个阶段：（1）
胚卵期，指受孕后最初2 周。（2）胚胎期，指受孕后2~8 周，
是胚胎形成阶段，此时胎儿最易受不利因素影响而发生发育异
常。（3）胎儿期，指受孕后第9 周至胎儿娩出。在这一时期胎儿
的各器官和组织迅速生长，其功能也逐渐发育成熟。这一时期胎
儿容易受孕母身体情况的影响。例如，孕母患有感染性疾病可使
胎儿发生各种畸形，常见的有 TORCH 感染（指一组围产期慢性
非细菌性感染）；孕母滥用药物、接受放射线等均可导致胎儿发
育异常；孕母长期营养素和热量缺乏对胎儿的生长发育也有一定
的影响，如孕母缺乏叶酸可致胎儿神经管畸形，孕母摄入热量或
蛋白质不足可使胎儿出现宫内生长发育迟缓、低出生体重等
问题。

（二）新生儿期的生理特点

新生儿期是指从出生至满 28 天以前这段时期。此期是一个特殊时期，新生儿各器官功能需要进行有利于生存的重大调整。为了适应子宫外新环境，新生儿自身要经历解剖生理上的巨大变化，身体各系统的功能从建立到成熟是这一时期的特点。因此，应定期进行新生儿访视，坚持母乳喂养，注意护理及合理喂养，做好疾病预防和治疗。

1. 体格生长速率不同

不同性别、胎龄的新生儿体格生长标准不同，评价新生儿的体格生长情况应按不同性别、胎龄进行才确切而合理。正常足月儿的体重平均为 3 kg，满月时增重 600 g 以上；身长平均为 50 cm，满月时增加 3 ~ 5 cm；头围平均为 34 cm，满月时增加 3 ~ 4cm。

2. 生理性体重下降

生理性体重下降常分为两种类型：（1）快速型，体重在出生后 3 ~ 4 天减至最低，但减少量一般不超过出生体重的 10%，7 ~ 10 天内恢复到出生体重。（2）缓慢型，体重逐渐减轻，到了第 2 ~ 3 周才恢复。

3. 生理性黄疸

正常新生儿（约 60% 的足月儿和 80% 的早产儿）在出生 2 天后皮肤粘膜发生黄染现象，同时血清胆红素浓度超过 34μmol/L（2mg/dl）。其特点是程度轻，血清胆红素水平足月儿不超过 204μmol/L（12mg/dl），早产儿不超过 255μmol/L（15mg/dl）；持续时间短，7 ~ 10 天自行消失，早产儿可延至 3 ~ 4 周；不伴随其他症状。

4. 假月经

出生后 5 ~ 7 天，部分女性新生儿的阴道会流出少量血性分泌物，不伴随其他特殊症状，这种现象称为假月经，是由于受母体雌激素影响。偶有新生儿因阴道口闭塞，分泌物滞留在子宫内，形成下腹部小型肿物，但不至于危害全身。血性分泌物 3 ~ 5

天后自行消失，不必特殊处理，用消毒纱布、棉花球轻轻拭去，保持会阴部清洁便可，不必局部敷药，以免引起刺激、感染。

5．乳腺增大、泌乳

男女新生儿均可出现双侧乳腺增大、充盈并泌乳的现象，其原因是：（1）受母体黄体酮刺激而乳腺增大、充盈，似蚕豆、杏核或鸽蛋大小。（2）受母体催乳激素的刺激而泌乳，量极少，数滴至 1～2ml。这种情况不必特殊处理，切忌挤压或搓揉，以免继发感染，引起化脓性乳腺炎，甚至导致败血症，或影响将来乳腺功能。

（三）婴儿期的生理特点

婴儿期是指出生至满 1 周岁以前这段时期。

1．体格生长比出生后任何时期都快

1～3 个月的婴儿平均每月体重增加 800～1000 g，身长每月增加 2～4 cm，头围每月增加 1.5 cm；4～6 个月平均每月体重增加 500～600 g，身长每月增加 2.5 cm，头围每月增加 1.5 cm；7～12 个月平均每月体重增加 250～300g，身长每月增加 1.5cm，头围共增加 3 cm。满 12 个月时，幼儿体重为出生时的 3 倍，身长平均为 75 cm，头围比出生时平均增加 12 cm，为 46 cm。此时幼儿的腹部仍较突出，腿和胳膊短而软，脸圆圆的，仍像个婴儿。

2．能量和蛋白质的需求特别高

由于婴儿生长发育快，所以其对能量和蛋白质的需求特别高。若其能量和蛋白质摄入不足，就易发生营养不良和发育落后。

3．易发生消化不良和营养紊乱

婴儿由于对热能和蛋白质需求高，进食多，而消化和吸收功能尚未发育完善，所以易发生消化不良和营养紊乱。

4．易患感染性疾病

婴儿从母体得到的免疫力逐渐消失，而自身后天免疫力很弱，故易患感染性疾病（急性呼吸道感染、腹泻等）。

因此，此期要提倡母乳喂养，4～6 个月后及时、合理地添加辅助食品，定期进行体格检查；同时做好计划免疫和常见病、多发病、传染病的防治工作，开展体格锻炼和早期教育。

二、1~2岁幼儿的生理特点

（一）体格生长速度较婴儿期缓慢

这一阶段的幼儿在 1 年内平均体重增加 2kg，身长约增加 10cm，头围增加 2cm 左右。2 岁时，体重为出生时的 4 倍，平均达 12kg；身长平均为 88cm；头围平均为 48cm，已达成年时的 90%。随着活动量的增加，幼儿身上的脂肪有所减少，肌肉逐步发育，腿和上肢逐渐加长，脸不像婴儿期软而圆，下巴已显露出来。

（二）容易出现体重增长缓慢现象

此阶段幼儿正处在断奶时期，如果不注意膳食质量，容易发生体重增长缓慢的现象，甚至出现营养不良。

（三）逐渐形成生活习惯和卫生习惯

此阶段幼儿与成人接触增多，在正确教育下可以开始养成良好的生活习惯和卫生习惯。

因此，此阶段要合理择时断奶，有目的、有计划地安排膳食；进行早期教育，培养良好的生活和卫生习惯；定期进行体格检查，继续做好计划免疫和常见病、多发病、传染病的防治工作。

三、2~3岁幼儿的生理特点

（一）体格生长速度更加缓慢

这一阶段的幼儿在 1 年内体重平均增加 2kg，身长增加 5~7.5cm；头围增加不到 1cm。3 岁时平均体重为 14kg，身长为 97cm，头围为 49cm，腿和上肢由于脂肪减少显得苗条了，就像小树枝条，虽略显瘦小但却强壮了。

（二）容易患传染病

此阶段的幼儿由于接触感染源的机会较以前多，所以容易患传染病。

（三）易发生意外事故

此阶段幼儿由于活动范围扩大，又缺乏安全知识和自我防护意识，所以易发生意外事故，如摔伤、烫伤等。

因此，此阶段要注意预防意外事故发生；开展早期教育，培养良好的生活和卫生习惯；定期进行体格检查，继续做好计划免疫和常见病、多发病、传染病的防治工作。

第二章
0~3岁婴幼儿的心理发展规律和特点

婴幼儿心理发展，是指婴幼儿在神经系统生长成熟的基础上，感知觉、运动、语言、社会行为等方面的分化与成熟。婴儿从出生的那一天起，就不是消极地接受环境的影响，而是在不断积极探索环境的活动中发展感知觉，扩大认识，形成概念，活跃思维，形成语言和积极主动的活动。与生理一样，0~3岁婴幼儿的心理发展也遵循一定的规律和特点。

第一节　0~3岁婴幼儿的心理发展规律

一、从量变到质变，既有连续性又有阶段性

连续性是指后一阶段的发展总是在前一阶段的基础上发生的。心理发展是一个数量不断积累和在此基础上出现质变的过程。随着新质的出现，心理发展就达到了一个新的阶段，于是表现出阶段性。后一阶段既包含有前一阶段的因素，又萌发着下一阶段的新质。

图1-4　宝宝思索着：我看到的是什么呀？

二、具有方向性和顺序性

婴幼儿的心理发展具有一定的方向和
顺序。例如，运动的发育遵循着从头部到身体下半部的头尾法则
（从头到尾）和从身体中心部位到边缘部位的法则（由近及远），
即先会抬头，再会坐、走、跑，先会抬胳膊，再会伸手抓握、
取物。

图 1－5　这是什么呀？我咋没见过。

三、从低级到高级，从简单到复杂

在婴幼儿的生长发育过程中，粗大、弥散的运动会逐渐被精
细、有意义的运动所代替。认知的发展也由感知动作思维，逐步
发展到具体形象思维和抽象概括思维。语言的发展也是先简单后
复杂，表现为：先模仿发音，说单字、词，再组成句子，从讲简
单句到复杂句。

四、具有个体差异

每个婴幼儿在发展速度、最终达到的水平和发展的优势领域
上不一定完全一致，存在着个体差异。在不同的发育项目中，每

个婴幼儿的发展不尽相同，有的快些，
有的慢些，有些方面先发育，而有些方
面后发育。如在智力上，有的婴幼儿早
熟，有的则晚慧；有的婴幼儿对音乐听
觉有特殊敏度，有的则对艺术形象有深
刻的记忆表象。影响婴幼儿心理发展的
因素不仅涉及遗传、生理成熟、环境及
教育等客观条件，而且也涉及婴幼儿自
身的心理活动，即自身的积极性和主动
性等主观因素。

图1-6 宝宝看得专心吧。

第二节 0~3岁婴幼儿的心理发展特点

一、0~1岁婴儿的心理发展特点

（一）动作特点

婴儿在出生后动作发展很快，刚出生的婴儿已经具备了觅
食、吮吸、吞咽等生理反射，仰卧时头可向两侧转动，将物体触
碰婴儿手心，婴儿可反射性地握持手中的物体。大约到了满月
时，将婴儿置于俯卧位，婴儿就能尝试着抬头。

2个月大的婴儿仰卧时，头已经可随着看到的物品或听到的
声音转动180°，手指开始放松，两手能在胸前相互接触和抓握。
被竖直抱起时，婴儿能将头竖直，并张望四周。在这个阶段，婴
儿逐渐学会从仰卧位变为侧卧位，且俯卧时能将头抬高至45°，
并尝试着伸手触摸眼前的东西。

4~6个月的婴儿逐渐能从仰卧位翻身到俯卧位，能用两只小
手支撑独坐片刻。将婴儿从腋下托起，会发现婴儿双腿较有力地
站立并喜欢跳跃。婴儿的手部动作也逐渐增加，他们能用双手拿
起眼前的玩具，喜欢将东西放入口中，开始会撕纸，喜欢玩手、

扒脚，可换手接物，尽管动作还稍显笨拙。

7~9 个月的婴儿已经能很稳地独坐，且坐卧自如。随着肌肉力量的增强并开始学会爬行。他们的手部动作越来越灵巧，能用小手拨弄桌上的小东西或玩具上的小饰品，会用拇指、食指配合取物，能换手接物，能双手拿两物对敲。

10~12 个月的婴儿可以腹部不贴地面地用四肢爬行，能自己扶栏杆站立、坐下及蹲下取物，能独自站立片刻，扶物会走，有的婴儿已经能独走几步。这时的婴儿会将物体从大罐子中取出、放入，喜欢随地扔东西，还会将大圆圈套在木棍上。

（二）语言特点

刚出生的婴儿除了哭声，还能发出细小的喉音；对说话声，尤其是高调的声音敏感，喜欢听母亲的说话声。

2~3 个月时，婴儿听觉开始变得敏锐，他们开始能辨别不同人说话声音的语调；哭声逐渐减少，并开始会用不同的哭声表达自己的需求；会注意成人的逗引，并用微笑、"咕咕声"或类似"a、o、e"的音来回应。

4~6 个月的婴儿有明显的发音愿望，开始咿呀学语，发辅音"d、n、m、b"，无意中还会发出"爸"或"妈"的音。这时的婴儿喜欢和成人进行相互模仿的发音游戏，能和成人一起"啊啊""呜呜"地聊天，并会理解熟悉的语言信号。

7~9 个月的婴儿逐渐能听懂自己的名字，通过重复发出某些元音和辅音，试着模仿成人声音，发音越来越像真正的语言，如会发出"Ma－Ma""Ba－Ba"等音节。婴儿开始懂得一些常用词语的意思，会用简单的动作表示要求，开始学会用自己的语音、语调来表达不同的情绪。

10~12 个月的婴儿，语言理解能力逐渐增强，开始能听懂一些与自己有关的日常生活指令；表达能力也明显增强，除了会用动作表示意愿，还能说出几个有意义的词，如"爸爸""妈妈"或自创一些词语来指称事物。

（三）认知特点

婴儿出生时具备灵敏的味觉，对甜、咸、苦等味道，会作出不同的反应。他们对熟悉或新颖的声响有反应，能将头转向声源处，并会注视距离眼前约 20～30cm 远的红球。

2～3 个月的婴儿能感知色彩，对对比强烈的图样有反应，喜欢注视自己的手，眼睛能立刻注意到面前的大玩具，并会追视玩具的移动轨迹，其视线还会随着所注意的人的走动而移动。婴儿开始将声音和形象联系起来，会试图找出声音的来源。

4～6 个月的婴儿能注视距离眼前约 75cm 远的物体，会用较长的时间来审视物体和图形，会寻找手中丢失的东西，喜欢颜色鲜艳的玩具或图卡。他们听到歌谣和摇篮曲会手舞足蹈，听到熟悉物品的名称会用眼注视，听到自己的名字会转头看，能根据不同的声音来辨别家人。

7～9 个月的婴儿喜欢关注有吸引力的物体，并会反复观察其特点和变化，如注意观察大人行动，模仿大人动作。他们能分辨地点，喜欢熟悉的环境，能挑选自己喜欢的玩具，如将物体当着婴儿的面藏起，婴儿会尝试寻找隐藏起来的东西。

10～12 个月的婴儿开始会用语言、手势或表情表示他们能分辨出甜、苦、咸等味道和香、臭等气味，能指认耳朵、眼睛、鼻子等身体部位和熟悉的物品。这时期的婴儿喜欢看图画，会注意到比较细小的物品，喜欢摆弄、观察玩具及实物，开始学习借助简单的工具去取不能直接用手够着的物体。

（四）情感与社会性特点

初生的婴儿喜欢被爱抚、拥抱；会注意到近距离人的面部表情，喜欢看人脸，尤其是母亲的笑脸；听到人的声音有反应，母亲的声音对哭吵的婴儿有安抚作用。

2～3 个月的婴儿对成人的逗引会用动嘴巴、伸舌头、微笑或摆动身体等表示情绪反应；见到经常接触的人，特别是母亲，会微笑、发声或挥手蹬脚，表现出快乐的神情。他们已能忍受短暂的喂奶间断。

　　4～6 个月的婴儿开始会用哭声、面部表情和姿势与人沟通。此时的婴儿开始怕羞、认生，对陌生人会注视或躲避等，对熟人反应愉悦；会辨别语调，对亲切的语言表示愉快，对严厉的语言表现出不安或哭泣等反应；会对着镜中自己的映像微笑、发音或伸手拍镜子中的映像；对熟悉的人或物有观察意识；对主要带养人有明显依恋；在独处或别人拿走他们的玩具时会用声音或动作表示反对。

　　7～9 个月的婴儿会对主要带养人表现出依恋和喜爱，对陌生人会有害怕、拒绝等情绪反应；知道成人表示肯定或否定的面部表情；喜欢玩躲猫猫、拍手一类的交往游戏；喜欢镜子中自己的映像。有的婴儿在这个阶段学会了用挥手表示再见、拍手表示欢迎，听到表扬会高兴地重复刚才的动作。

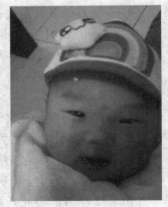

图 1-7　宝宝心里高兴着哩。

　　10～12 个月的婴儿喜爱家庭成员和熟悉的人，对陌生人表现出忧虑、退缩、拒绝等行为；初步具有保护自己物品的意识；开始理解成人的肯定或否定态度，会表达愤怒、害怕、焦急等不同情绪，当言行得到认可时会高兴地重复表现。他们爱尝试、探索，会注视、伸手触摸小朋友，喜欢重复玩交往游戏；会用手势等方式表达需求，如伸出手臂要求抱，向成人索取感兴趣的东西。

二、1～2 岁幼儿的心理发展特点

（一）动作特点

　　1 岁到 1 岁半的幼儿开始独立行走，喜欢走路时推、拉、拿着玩具。这个阶段的幼儿，很快学会控制身体的重心，不用扶物体就能独自蹲下、站起，在成人帮助下会上楼梯，逐渐学会跑和做简单的手势（如挥手表示再见），会将球滚来滚去，随意扔球，会将两三块积木垒高，会用水杯喝水，能抓住蜡笔涂鸦等；尽管还跑得不太稳，扔球没有方向性，积木搭得不整齐，喝水时会将衣服弄湿。

在1岁半到2岁之间，幼儿的动作有了长足进步。虽然他们跑得仍然不太稳，但已能连续跑3~4米，会自如地拖着可拖拉的玩具向前走、向后退，还能蹲着玩，弯腰捡玩具，举手过肩扔球，踢大球，将五六块积木叠搭起来，自己扶栏杆能走阶梯不太高的楼梯。许多幼儿还有较强的节奏感和音乐感知能力，能够根据音乐的节奏做动作。在成人的指导下，他们可用笔画圆，随意折纸，穿串珠和自己用汤匙吃东西。

（二）语言特点

语言表达是发生在理解语言的基础上。1岁到1岁半的幼儿，尽管表达能力有限，多数时候还需要用表情、手势代替语言进行交流，但已能听懂家人说的简单指令，如可依照指令模仿常见动物的叫声，并开始知道书的概念，喜欢模仿翻书页。他们的语言表达能力也在发展，开始学会说自己的名字、熟悉的人名或物品名称，并且会应用简单的动词。

1岁半到2岁的幼儿不仅开始用名字称呼自己，而且开始会用"我"；会说出常用东西的名称和用途。他们的词汇增加很快，能用3~5个字的简单短句回答生活上的简单问题或表达一定的意思和个人需要。此时的幼儿喜欢跟着大人学说话、念儿歌，喜欢看图书，指认、说出图片中熟悉的事物，并且爱重复结尾的句子。

（三）认知特点

许多幼儿在1岁到1岁半时学会指认某些身体部位，并喜欢用嘴、手试探各种东西，开始理解简单的因果关系。有时他们会长时间地观察自己感兴趣的事物，能用手势和声音表示不同的反应，并能根据感知方面的突出特征对熟悉的物品进行简单的分

类。他们还会模仿一些简单的动作或
声音，自发地玩模仿性游戏，如玩打
电话游戏。

1 岁半到 2 岁幼儿的观察能力有
了明显进步。他们学会认识红颜色，
区分方形、三角形和圆形，能记住一
些简单的事和熟悉的生活内容，知道
家庭成员以及经常一起玩的伙伴名字。
这时期的幼儿喜欢探索周围的世界，
并开始理解事件发生的前后顺序，能
短暂地集中注意力看图片、看电视、

图 1 - 9 学得专心。

玩玩具、听故事等，并且喜欢提问，让成人不断地复述他们熟悉
的故事情节。

（四）情感与社会性特点

1 岁到 1 岁半幼儿的自我意识开始萌芽，会认出镜子里自己
的映像，开始感觉到常规的改变或环境的变迁，理解并遵从成人
简单的行为准则和规范。他们可在安全、依恋的环境中单独玩耍
或观看别人的游戏活动，特别是对小朋友的活动感兴趣，也可以
和小朋友共同玩一会儿。这时候的幼儿情绪变化丰富而迅速，他
们的情绪多是反映对眼前事件的直接感受。

1 岁半到 2 岁的幼儿对主要抚养者表现出较强的依恋，当与
主要抚养者分离时会感到沮丧，并会较长地延续这种情绪状态。
有些幼儿会对某些东西或环境感到害怕，需要时间适应新环境。
此阶段幼儿的自我意识逐步增强，开始表现出独立行为倾向，喜
欢自己独立完成某一动作，会保护属于自己的东西。此外，他们
开始意识到自己是女孩还是男孩；交往能力增加，会与其他幼儿
共同参与游戏活动；能按指示完成简单的任务，喜欢帮忙做事；
模仿性强，喜欢模仿成人动作，如学着收拾玩具。

三、2~3岁幼儿的心理发展特点

（一）动作特点

2岁到2岁半的幼儿掌握了更多的动作技能。他们能双脚交替走楼梯，能后退、侧着走和奔跑，能轻松地立定蹲下，会迈过低矮的障碍物，会手脚基本协调地进行攀爬，能双脚离地跳，会骑三轮车和其他大轮的玩具车，能滚球、扔球，会举起手臂有方向地投掷，能用积木搭桥、火车等简单的物体，会转动把手开门，旋开瓶盖取物，会用手指一页一页地翻书本，会自己洗手、擦脸。

图1-11　我可有劲了。

2岁半到3岁的幼儿开始能双脚交替灵活地走楼梯，能双脚离地连续跳跃2~3次，能走直线，跨越一条短的平衡木，单脚能站立5~10秒，能将球扔出2~3米远，能随口令做简单的操，会用积木（积塑）搭（或插）成较形象的物体，会穿鞋袜和简单的外衣外裤。

（二）语言特点

2岁到2岁半的幼儿不再咿呀学语，而是表达清晰，会用日常生活中的一些常用形容词，开始用"你"等代名词，会说完整的短句和简单的复合句，念简单的儿歌。他们能区分书中的图画和文字，愿意独自看简单的图画书。

2岁半到3岁的幼儿能回答简单问题，喜欢问"这（那）是什么"等问句，词汇量增多，能说出物体及其图片的名称，理解简单故事的主要情节，知道一些礼貌用语，并知道何时使用这些礼貌用语，会"念"熟悉的图画书给自己或家人听，能说出有5个字以上的复杂名字。

（三）认知特点

2 岁到 2 岁半的幼儿对周围事物或现象感兴趣，爱提问题，能感知物体软、硬、冷、热等属性和比较明显的"大、小""多、少""长、短""上、下"的差异，能依照形状、大小、颜色等将物体做简单的分类。他们喜欢并能跟着数数，能重复一些简单的韵律和歌曲，游戏时能发挥自己的想象力，如手边的玩具代替想象的物体或人物。

图 1-12　玩得痛快。

2 岁半到 3 岁之间，许多幼儿学会区分红、黄、蓝等常见的颜色，并开始学画代表一定意思的涂鸦画。他们能记忆和唱简单的歌，能口数 1~10，会区分大小、多少、长短、上下、里外，能将物体归类，知道数字的大小与数量的关系，知道家里主要成员的简单情况。

（四）情感与社会性特点

2 岁到 2 岁半的幼儿开始会自主表达自己的情感和意识到他人的情感，同情感开始萌发，有简单的是非观念。此时的幼儿喜欢参与同伴的活动，能和同伴一起玩简单的角色游戏，会相互模仿，有模糊的角色装扮意识，但还不能很好地控制自己的情绪，受到挫折会发脾气。

2 岁半到 3 岁的幼儿开始能较好地调节情绪，发脾气时间减少，能和同龄小朋友分享玩具，会整理玩具，自己上床睡觉，知道等待、轮流，尽管有时会失去耐心。他们会用"快乐""生气"等词来谈论自己和他人的情感，对成功表现出积极的情感，对失败表现出消极的情感，会表现出"骄傲""羞愧""嫉妒"等复杂的自我意识，有时也会隐瞒自己的感情。该阶段的幼儿开始知道自己的性别及性别的差异，喜欢玩属于自己性别的玩具和参加属于自己性别群体的活动。

第二编

0~3 岁婴幼儿的生活照料与保健护理

第一章
0～3岁婴幼儿的生活照料

第一节 宝宝乳制品的选择

当年轻的父母翘首以盼迎来自己可爱、聪明、漂亮的小宝宝时，高兴之余，又感到紧张之感扑面而来。由于经验不足，面对嗷嗷待哺的孩子，一切简直是忙乱不堪，如何选择适合孩子的哺乳方式成了他们要面临的第一个重要问题。随着母亲知识水平的提高，许多父母充分认识到母乳喂养的重要性，选择母乳喂养的家庭开始逐渐增多，然而当母亲不适宜母乳喂养或母乳不足者时，母亲首先考虑的是选择哪种乳制品辅助喂养的效果好。

乳制品是指使用牛乳或羊乳及其加工制品为主要原料，加入或不加入适量的维生素、矿物质和其他辅料，依据法律法规及标准规定的要求，加工制作的产品。乳制品包括液体乳（巴氏杀菌乳、灭菌乳、调制乳、发酵乳）；乳粉（全脂乳粉、脱脂乳粉、部分脱脂乳粉、调制乳粉、牛初乳粉）；其他乳制品（炼乳、奶油、干酪等）。

目前市面上的乳制品种类很多，在中国人的日常生活中，孩子的乳制品消费以液体乳为主。至于奶油、干酪不是中国居民常见的食物。那么年轻的父母该如何选择呢？

一、选择适宜婴幼儿的乳制品

（一）依据执行标准、配料表以及成分含量表选择

正规乳制品都有它的执行标准，一般分为执行国际标准（GBXXXXX－XXXX）和执行企业标准。我们提倡选择执行国际标准的产品。另外在挑选奶粉的时候，一定要仔细阅读配料表和成分表，并将它与母乳的营养成分含量数据进行比较，以与母乳成分越接近越有益。

（二）依据营养价值进行选择

常见的乳制品巴氏杀菌乳，灭菌乳、酸乳以及乳粉，该如何选择呢？

巴氏杀菌乳是在 72℃～85℃左右的高温下杀菌，它有效杀害了牛奶中的有害菌群，同时完好地保存了营养物质。这种乳制品较好地保存了生鲜乳中的蛋白质和维生素，但是须低温冷藏，保质期较短为 2～15 天。

目前，市面上采用超高温灭菌法加工的灭菌牛奶，虽然在常温下可以保存的时间比较长，至少都在 10 天以上，但由于在灭菌时温度达 135℃～150℃，导致新鲜牛奶的营养物质和口感被破坏得较多。因此，若条件允许，一般建议选择巴氏。

酸乳（即酸奶）是以生牛乳或羊乳或乳粉为原料，是在牛奶中加入乳酸菌，并使其在一定条件下发酵而制成的产品。酸乳中牛奶或复原乳的含量一般在 80%～90%，酸乳能量及蛋白质和脂肪含量均低于鲜牛奶，蛋白质含量 ≥2.5g/100ml，脂肪含量 ≥2.7g/100ml。而经乳酸菌发酵后，酸牛奶中游离的氨基酸和肽增加，更易被消化吸收。其中叶酸和胆碱含量将会增加，这不仅可抑制肠道一些腐败菌的生长，也有利于维生素的保护，还可促进钙、磷等矿物质的吸收。且酸乳中乳糖含量减少，对于婴幼儿来说不会因为乳糖含量过高而导致腹胀、气多或腹泻现象，是适合婴幼儿的较好乳制品。

乳粉常见的有全脂奶粉和脱脂奶粉两种。全脂奶粉用纯乳生产的，基本保持了乳中的原有营养成分，蛋白质不低于24%，脂肪不低于26%，乳糖不低于37%。生产1千克全脂奶粉约需8~9千克牛奶，所以全脂奶粉的营养成分约为鲜牛奶的8倍左右，食用时每份奶粉需8倍的温开水冲调。适合缺钙的婴幼儿食用。

图1-15　这果果真香。

脱脂奶粉，是指新鲜的牛奶在加工成奶粉的过程中，将牛乳中的脂肪分离出去，而其他的成分变化不大的产品。脱脂奶粉脂肪含量≤1.5%，其脂肪含量较低，有助于婴幼儿消化吸收，脱脂奶粉在食用时用水进行调配，应按照奶粉罐上标明的调配方法进行。从营养价值、从能量的大小来看全脂奶粉比脱脂奶粉好。但是对于脱脂奶粉来讲适合于某些特殊的人群，比如消化不良、胆囊疾病以及腹泻的婴幼儿，对于腹泻的婴幼儿调制稀释奶粉则应将奶粉量减去一半，或浓度降低一半。低脂奶粉脂肪含量≤3.0%。

（三）依据年龄进行选择

对于0~5个月以内的婴儿应食用婴儿专用奶粉，如婴儿配方乳粉Ⅱ，婴儿配方乳粉Ⅲ等，适当配以酸奶。巴氏杀菌乳营养价值较高，但是其中的蛋白质和钙含量是母乳的3倍，另外很多蛋白质对于人类没有用，必需的蛋白质反而不足。对于5个月以内的婴儿来说，过多的蛋白质难以吸收，吃得多就会成为负担，而过多的钙则会加重小儿肾脏的负担。而5~36个月的婴幼儿应食用幼儿奶粉并配以一些其他辅助食物，如水果、蔬菜等。

二、怎样合理选择风靡一时的乳制品

曾经风靡一时的乳制品牛初乳对于孩子的成长是否有益呢？

　　关于牛初乳目前还没有统一的界定。卫生部《关于牛初乳产品适用标准问题的复函》中要求，自2012年9月1日起婴幼儿配方食品中不得添加牛初乳以及用牛初乳为原料生产的乳制品。该函称，牛初乳是健康母奶牛产犊后七日内的乳。而现行《牛初乳粉》规范（RHB602—2005）中称，牛初乳是指正常饲养的、无传染病和乳房炎的健康母牛分娩后72时内分泌的乳汁。

　　牛初乳中的功能与人乳有很高的同源性，它所含有的免疫因子和人的抗体非常接近，能有效地阻止自然界的病毒和病菌对机体健康的侵害，有利于增强人体免疫系统的功能，是富含免疫因子的天然食物。但是牛初乳里富含镁、钾和钠离子，对于婴幼儿来说，肠道不易吸收，可能致腹泻，另外牛初乳可能含有激素。

　　虽然现有的研究并没有证明牛初乳对人类婴幼儿人群不适宜，但国内外针对长期食用牛初乳对婴幼儿健康影响的相关科学研究不多。我国以商品化的方式存在和被食用的牛初乳也只有二十余年的历史，从目前情况看，缺乏牛初乳作为婴幼儿配方食品原料安全性的有关资料，同时国际上许多国家并未将牛初乳列为婴幼儿配方食品可添加物质。市面上现有牛初乳产品包括牛初乳配方奶粉、纯牛初乳粉、牛初乳复合奶粉等多个种类，应避免食用。

第二节　顺利渡过换乳期

　　婴儿初次吃固体食物时，总是表现出一幅既惊奇又好像厌恶的表情，鼻子眉毛拧成一团，令人看后觉得好笑。其实这也正常，毕竟食物的味道和质地都发生了很大的改变。试想之前他们吃奶时是多么的自如，嘴吮吸就可以吃到现成的。但是，现在他们要学着用舌头把成块的食物接住，然后再送到喉咙里去。这样的饮食习惯的改变需要一个过程。可是，这时的婴儿只会用舌头往上顶，这样顶来顶去就会把食物顶出来，父母又不得不再次把食物送入口中，虽然大部分食物还是要被挤出来，但是不要泄气，坚持下去，等孩子有了经验，吃起来就顺利了。

一、及时添加辅食

父母可以通过宝宝发出的一些信号以及辅食添加的月龄来综合判断其是否需要添加辅食。

（一）辅食添加的信号

每天每次用母乳或奶粉喂养幼儿之后，宝宝看起来仍显得饥饿。

通过宝宝的体重来判断，宝宝在给予足够量的哺乳时，仍然体重达不到正常的标准。一些宝宝在跟大人一起吃饭时，表现出很大的好奇心，总是试图想要吃食物，当把要吃的东西放到他们的嘴里面时，他们会很满足，并且有咀嚼的动作。当用汤匙给孩子喂食时，他会主动地张开嘴，并把食物吞咽下去，并且不会被呛到。

（二）辅食添加的月龄

传统上，婴儿一般在年满一周岁后才开始添加辅食，但是，医生和专家们一再提前添加辅食的时间，最后发现婴儿不但可以早些进食辅食，而且还会变得更加茁壮。

婴儿在半岁前添加辅食，有着明显的优势：首先，这时候的婴儿还没有形成固定的饮食习惯，也没有明显的食物偏好，他们比较容易接受新的食物类型；第二，添加辅食还可以弥补母乳以及牛奶中某些营养物质的不足，特别是铁含量的不足。2002年，世界卫生组织经过反复的论证和研究提出，多数宝宝无须在6个月前添加辅食，因为母乳中的营养已经可以满足6个月以前婴儿的全部需求，如果过早给婴儿添加辅食，会导致小儿消化不良，影响婴儿对所需营养的吸收。但是如果宝宝超过6个月以后还不及时添加辅食，母乳中所含有的蛋白质、铁和其他营养物质已经不能满足宝宝生长发育的全部需求了。这时，必须要及时添加辅食。不过，每个宝宝的生长发育状况以及喂养环境都不同，所以还是要根据宝宝的具体情况具体分析。

二、辅食添加的基本原则

根据孩子生长发育的情况，给孩子添加辅食的基本原则是：

（一）从易消化的到不易消化的

婴幼儿的身体发育随着月龄的不同而不一样，因此，在刚开始给孩子添加辅食时，应注意给孩子吃一种与月龄相宜的辅食，如果辅食添加不当，孩子会因为消化功能尚欠成熟而出现呕吐和腹泻，消化功能发生紊乱等问题。

一般情况下，尝试3～4天或一周左右，就能观察出来。比如：一些孩子对某些食物反应敏感，每次喂这种食物会吐；或者一些孩子当天以及接下来的几天大便次数增加或变稀；或者是婴儿持续不断地烦躁、腹部胀气；甚至于出现过敏性皮疹，（通常在脸上，偶尔在身上），出现干燥脱皮、红色的皮疹等。

（二）从流食到半流食再到固体食物

宝宝在开始添加辅食时，当还没有长出牙齿时，选择的食物颗粒要细小，口感要嫩滑，比如米汤或果汁。这样一方面锻炼宝宝的吞咽功能，另一方面为以后过渡到固体食物打下基础。而在宝宝快要长牙或正在长牙时，父母可以把食物的颗粒逐渐做到粗大，这样有利于促进宝宝牙齿的生长，并锻炼他们的咀嚼能力。因此要给宝宝喂流质食物，逐渐再添加半流质食物，最后是固体食物。如从米汤开始增加到吃稀粥，再渐增稠至软饭。

（三）从谷物类到肉类

如绿叶菜的辅食添加过程，从菜汁到菜泥，乳牙萌出后可试食碎菜。使婴儿有一个适应过程，如添加蛋黄，先由1/4个开始，孩子无其他不适，大便正常，2～3天后增至1/3～1/2个，再渐渐增至吃一整个蛋黄。

（四）从少到多

不可在短时间内一下增加好几种食物，如果宝宝的消化情况和排便正常，再尝试另一种食物。待孩子适应后再继续添加接下来一种食物。

三、辅食添加的具体内容

（一）4个月婴儿的辅食添加

从20世纪80年代开始，人们普遍认同辅食添加应从蛋黄开始，主要是为了给宝宝补充铁。蛋黄中含有丰富的铁质，可是一些宝宝对蛋黄容易过敏和消化不良。所以，现在提倡首先应添加米粉，随后再添加其他辅食。当宝宝接受了这些不容易过敏的食物以后，再开始喂食蛋黄，但是不可放蛋清，蛋清比蛋黄更容易导致过敏和消化不良。

在给宝宝添加蛋黄时，可用汤匙把蛋黄碾碎后用奶粉或是结合其他辅食比如米粉、菜泥或是果泥，这样宝宝更容易接受。至于水果，比如酸味重的水果如橙子、橘子、柠檬、猕猴桃，蔬菜如胡萝卜、马铃薯、青豆、南瓜等先不要给宝宝吃。让宝宝逐渐熟悉各种食物的各种味道和感觉，适应从流质食物向半流质食物过渡。

（二）5～6个月婴儿辅食添加

5个月时婴儿胃的容量增大了，消化能力增强了，这时，可以添加一些便于消化吸收的淀粉。因此，可以添加烂粥、面条和饼干，除此以外，在6个月时可加入番茄汁、西瓜水、果泥、菜泥。另外6个月时视孩子的饮食状况还可添加鱼泥、肝泥、肉泥及整个蛋了。

（三）7～9个月婴儿辅食添加

在前几个月添加辅食的基础上，已经开始逐渐熟悉各种食物的味道和感觉，应逐渐改变食物的质感，可以从流食、半流食慢慢过渡到固体食物，这样可以促进宝宝进食技巧和胃肠功能的发育，锻炼孩子的咀嚼能力，逐渐养成用辅食取代牛奶的饮食习惯。

这个阶段的婴儿可以增添蛋、鱼、肉、肝、谷类、水果、蔬菜等，还可以给点心吃。蛋类从最初的蛋黄泥逐渐转为蛋羹，到8个多月时，可以是煮蛋或炒蛋，从碎末逐渐过渡到小块儿状；鱼类、瘦肉类、肝类、蔬菜类、水果类食物也应该有同样的变化过程。

（四）10–12个月婴儿辅食添加

这个阶段的宝宝，消化功能更成熟了，不仅要满足宝宝的营养需求，还要继续锻炼宝宝的咀嚼能力，以促进咀嚼肌的发育、促进肠胃道消化功能，通过咀嚼还可以促使牙齿的萌出和颌骨的正常发育。这时，单纯吃泥糊状食物虽然能够满足宝宝成长所需的营养，但是其他的方面却很难实现。可以适当增加食物的硬度。可将宝宝的食物从稠粥转为软饭；从烂面条转为包子、饺子、馒头片；从菜末、肉末转为碎菜、碎肉。

（五）12–15个月婴儿辅食添加

宝宝牙齿也已经基本发育完全，消化功能已相当完善。这个时期虽然在辅食的选择方面已没有太大的戒律，但在烹调方面还是要注意口味比成人的口味稍淡一些，重油或很甜、很咸的食物对于宝宝并不适合。

四、辅食喂养常见问题

宝宝的进食问题大多在1～2岁期间，这时的宝宝或者挑食或者拒食，父母便会着急上火，而父母火气越大，催得越紧，宝宝将会吃得越少，这时父母又会催得更急。这样子无休止下去，吃饭就变成一件受罪的事情了，父母同子女的关系也因此变得紧张，并引起其他行为问题。因此探讨宝宝这时喂养的常见问题显得十分重要。

（一）为什么要培养宝宝早些自己吃饭

有些宝宝在一岁前就可以熟练的拿着汤匙自己吃饭，但是也有一些宝宝在父母的过度呵护下，到了两岁甚至三岁还不能自己吃饭。如果后来上托儿所、幼儿园的时候，生活还不能自理，这将导致他们无法适应幼儿园，难以融入集体生活，影响其身心健康发展。所以，做父母的要懂得给予宝宝锻炼自己吃饭的机会。

实际上，宝宝很早的时候就已经开始出现自己吃饭的准备动作，半岁时他们用手指拿捏食物，后来到了8、9个月，他们又开始用手指拿捏碎块食物并往嘴里塞，当宝宝学会抓东西吃的时候，他们再学习用汤匙独自吃饭就比没有抓过东西吃的宝宝要快。

多数宝宝在一岁左右时就表现出想拿汤匙的愿望，这时很多宝宝一吃饭就要抢夺放在父母手里的汤匙，父母用不着再把汤匙抢夺回来，可以把汤匙给他，宝宝试着试着就不耐烦了，汤匙不再往嘴里送，而是开始在碗里、饭里瞎搅。可把碗端开，放几个稍大块的食物在盘内，让他自己玩去。实际上，刚刚会拿汤匙的宝宝光是学习把食物从碗里舀上来，就要花几周的时间，而要练习把汤匙放在嘴边不翻跟头又要几周时间。宝宝最初喜欢自己瞎搅，但是当发现吃东西很麻烦，而父母喂得那么顺利，他们往往就懒得自己吃了。但是要鼓励他们自己吃饭。

当宝宝独自能够在10分钟之内把一顿爱吃的东西吃完的时候，父母以为就万事大吉了，这时宝宝对于自己喜欢吃的食物能够自己吃，可是对于不喜欢吃的东西，他们往往懒得吃，由父母来喂，父母以为宝宝已经学会了独自吃饭了，需要所有的食物都自己去吃，但是久而久之，他想吃的东西跟父母要他吃的东西的界线越来越分明，弄到后来，"父母"的东西他就不吃了。

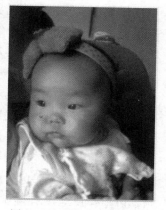

图1-16 看，多专心呀！

但是，毕竟刚刚学会独自用汤匙吃饭，宝宝即使费了很大劲想按规矩吃饭，还是会吃得乱七八糟，而这时父母要将就点，不必去讲太多技巧，比如拿汤匙的手势以及清洁、卫生的问题，要鼓励宝宝多进行锻炼，从不熟练使用汤匙到熟练使用和用筷子吃东西，这一切都得宝宝自己慢慢去摸索和体会。

宝宝自己开始吃饭时间的早晚也在一定程度上决定了他们生活的自理能力，而这在很大程度上是由家长的态度决定的。宝宝在一岁到一岁3个月之间的某段时间应开始学着自己吃饭，因为此时，宝宝正好表现出这种尝试的愿望，一旦错过，父母失去的将是大好的时机。

但是，不能死抠时间，不要为孩子进步缓慢而焦急发愁，也不要提早训练孩子。总体来说有两点要提醒家长们：一是宝宝愿意使用汤匙自己吃饭的年龄往往比父母意识到的要早；二是小孩开始学习独自吃饭的技能开始成熟以后一定要逐步停止喂饭。

不管怎样，要保证宝宝正常进食，就要使他们认识到吃饭是自己的事，某一两顿饭无论他们是想多吃一点、少吃一点或者是一点都不吃，都是允许的。父母在给宝宝准备食物时应照顾到宝宝的口味，以他们爱吃的食物跟其他食物搭配，达到饮食的平衡。尽管宝宝的饮食情况从每一顿饭、每一天的角度来看可能有些偏食，但父母不要给予纠缠，从每一周、每一段时间来看，都可能是较平衡的。当连续几周都失衡时，可想办法找医生。

（二）为什么宝宝到一岁时开始挑食

宝宝长到一岁左右，对事物的感觉开始发生一些改变，他们吃东西变得比较挑剔，吃饭不像以前那样子"馋"了。之前的他们，一到吃饭时间，就好像饿得要命了一样。当父母在给他们准备吃的东西的时候，他们在旁边可怜巴巴地哼哼着，似乎等不及的样子；当吃到嘴里的时候，每吃一口身子就会不由自主地往前倾，饥不择食地没有挑肥拣瘦的时间。实际上，这也并不奇怪，如果按原来宝宝的吃饭和长法，他非得长成大山不可。现在他开始有自己的选择了，他们开始慢慢成为一个"有主见的人"，当他们在面对食物的时候，开始琢磨："面前这堆东西哪些看起来好吃，哪些看起来不好吃。"并开始对原来怀疑的东西产生明确的好恶感。小孩之所以开始挑食原因有这样几个方面：第一，挑食当然是因为肚子不饿；第二，他们的记忆力也开始增强了。在他们的记忆力开始认识到：反正我的饭到时间就会送来，而且不给我吃爱吃的东西，我就跟你泡，并且总能吃到自己想吃的东西。第三，长牙也是造成食欲下降的常见原因，特别是宝宝在长乳牙的过程中，宝宝长牙时有时一连几天都是吃一半，剩一半，有时干脆是一口也不吃；第四，实际上人的食欲每天、每周都在自然地不停地发生变化，这是很重要的一点也是常被家长忽视的一点。试想，成年人在吃饭时也是一样的，如果今天你吃得很饱，那么第二天你也会觉得少吃点会比较舒服。

（三）宝宝不喜欢吃蔬菜怎么办

一个一岁的宝宝，上个星期还挺爱吃蔬菜突然间就开始讨厌起来。对于这样的宝宝，父母难免感到气愤、恼火甚至憋不住了还想要教训他一顿。但是，硬劝硬逼，只会增加宝宝的敌意，使得他对于食物从一时的不喜欢变为长期的厌恶。实际上很多宝宝婴儿时期不喜欢吃蔬菜，当他长大后就开始喜欢吃了。如果宝宝有几天每每吃到一半就不再吃了，可以把蔬菜切碎与他喜欢吃的食物搭配，做成饼。不过如果宝宝对于青菜过于敏感，一放入青菜他就不吃的话，可以换几种他爱吃的蔬菜调节一下，大可不必为了一两种蔬菜弄得不愉快。假如宝宝一段时间内什么蔬菜都不吃，一些母亲就会感到不安，担心不吃蔬菜会引起某种营养不良，但是人类吃蔬菜只是为了补充钙、钾和铁以及维生素 A、维生素 C 和维生素 B1 等。因停食蔬菜而造成的营养损失，可以通过进食足量的水果和通过其他途径补充。比如在牛奶、奶粉和鱼类、肉类中也都含有大量的维生素 A 以及矿物质，在水果中还含有维生素 C 和维生素 B1，这样婴儿只要通过补充充足的牛奶和水果等其他食物，也不会导致营养不良。

（四）宝宝边吃边玩怎么办

这个问题在宝宝身上出现的时间早晚不同，有些宝宝很小就开始出现，有些宝宝则是到一岁时开始出现，这是很多家长感到头疼的一件事情。原因是因为宝宝在长到一定的年龄后对食物的兴趣开始逐渐减弱，而是喜欢爬上爬下，喜欢玩调羹，在饭里搅和，往地上扔东西等各种各样的活动。生活中也不乏有一些宝宝站在椅子上吃饭的，也有家长为吃饭追着宝宝满屋子转的。

对于这样的现象，原因比如是父母对于宝宝吃饭比孩子本人还要急。这又是一个很严重的问题，一定不要让他继续发展下去。如果家长们注意观察的话就会发现，当宝宝饿了的时候是不会到处乱爬的，他们开始捣蛋总是在吃饱了或者是吃得半饱了才开始。所以，父母一见到宝宝对食物没了兴趣，你就可以假定他是吃够了的。请他下桌子，把食物收走，态度一定要坚定，如果宝宝见状开始呜咽起来，好像是在证明自己并不是不饿或者吃饱了，这时应该再给他一次机会。如果他还是毫无悔改之意，那么就不要再次把食物端出来。如果宝宝在间隔两个小时的时候饿得发慌的话，父母可以把下顿正餐的时间提前。只要父母坚持在宝宝失去兴趣的时候不声张地终止他进餐，宝宝真正饿的时候就会老老实实吃饭。

还有一些宝宝在一岁前后吃饭的时候往往要在菜里戳一指头；或者抓一点面食在手里捏来捏去；或者沾上牛奶在桌子上画来画去玩，这不是捣蛋，因为他们一边玩一边还在拼命地吃，这时不必因为他们想稍微摸摸食物就去阻止他们。不过，如果宝宝想把盘子翻过来，那就赶快制止他，如果制止后他还要翻，那么就把盘子移开或者是干脆收掉。

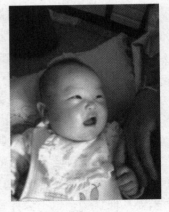

图1-17　宝宝心里真高兴。

第三节　0～3岁婴幼儿生活习惯培养与健康锻炼

一、如何让宝宝睡得好

（一）创设适宜的入睡环境

宝宝居住房间的温度应适宜，以室温大约在20～21℃为宜。当宝宝上床后，白天应拉上窗帘，使室内光线稍暗些，晚上要养成关灯睡觉的习惯。

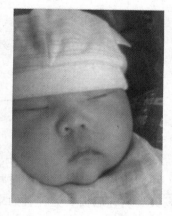

宝宝入睡后，家长不必蹑手蹑脚，说话也不必细声细气，否则习惯在过于安静的环境中睡眠的宝宝容易惊醒。只要不突然发出大的声响，如"砰"的关门声或金属器皿掉在地上的声音即可。要让孩子养成适应家里的一般

图1-18　乖宝宝，睡大觉。

噪音和说话声，即使有客人来访在谈笑，或者家里电视音量适中，以及有人走进他们的卧室，仍然可以睡得很香。

（二）保证充足的睡眠

新生儿以及出生后头几个月的婴儿所需睡眠时间较长，但是，随着宝宝的成长，他们清醒的时间也会逐渐增加。新生儿一般每次睡眠的时间也只是持续2～3个小时，每天要睡20个小时以上，这种睡眠习惯不同于成人，更有一些宝宝，白天呼呼大睡，到了晚上精力旺盛不愿意睡觉，这可能会使父母感到困惑。因此家长应耐心地培养宝宝良好的睡眠习惯。

图1-19　睡得多香呀！

（三）培养规律性睡眠习惯

婴儿半岁前醒得很早，凌晨五六点就开始哇哇乱叫，大多数婴儿半岁左右开始本能地醒得晚一些。

0～3岁婴幼儿睡眠时间标准参考表

年龄	睡眠时间（小时）	次数
新生儿	20	不定
2～5个月	15～18	不定
6～12个月	14～16	2～4
1～3岁	12～13	2～3

可惜，家长一旦养成了梦中聆听婴儿动静的习惯，只要宝宝稍微哼哼两声，便会应声而起，搞得宝宝想睡个"回笼觉"都不成，更谈不上培养他们短时间自娱自乐的能力。对于宝宝来说，可以将他们经常醒来的时间慢慢推迟，比如今天推迟5分钟，过几天再往后拨5分钟，如果这之前宝宝自己醒来，他们可能会安安静静地再重新睡过去，也可能慢慢学会老老实实地躺在床上等父母醒来。一旦宝宝哭闹起来，父母要稍等一等，看他们会不会重新安静下来，再重新入睡。但是，如果宝宝哭闹，父母就只好起床。为了使宝宝尽快适应宫外的生活，家长可以尽量安排宝宝在下午保持清醒，特别是下午4～5点的时间不应让宝宝睡觉，这时可以多逗他一会儿，到晚上7点钟的时候再为宝宝睡觉做准备。到了晚上，在临睡前1小时左右，不要和宝宝玩耍，不看刺激性的电视节目，不讲紧张可怕的故事，也不玩玩具。晚上入睡前要洗脸、洗脚、洗屁股。睡前让宝宝排空小便。脱下的衣服应整齐地放在相应的地

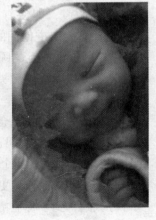

图1-20　宝宝做美梦了。

方，要按时上床、起床。逐步形成按时主动上床、起床的习惯。这样每天如此养成习惯，很容易使宝宝把这些活动与睡觉联系起来，让宝宝意识到自己该睡了，有利于宝宝早早入睡。

（四）有条件时，尽早让宝宝养成单独睡的习惯

当宝宝与父母一起睡时，他们可能会因大人的翻身和活动导致被窝进风而受凉。此外，宝宝在成长过程中，他的新陈代谢旺盛，比成人需要更多的新鲜空气。如果和大人同睡一张床，会使他过多地吸入大人呼出的废气，影响身体的健康发育。同时，宝宝的抵抗力比较弱，如果和大人同睡一床，会

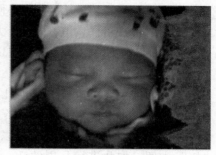

图1-21　宝宝睡的正香。

增加疾病的感染机会。因此，应尽早让宝宝养成单独睡的习惯。但是，当宝宝早上到父母床上亲热时则是另一回事。这时是父母与宝宝之间亲密关系建立的很好的一段时间，是增进父母与宝宝感情的一种好方式。

（五）睡眠不安的处理

宝宝睡不安稳有很多原因的，家长要慢慢观察，了解宝宝睡不安稳的原因。有的宝宝夜里睡眠不安、易惊醒、哭闹，父母便立刻将其抱起来又拍又哄，让其再度入睡，结果宝宝很快习惯于这种在父母怀里睡眠的情况，不拍不哄便不再入睡。为此，对偶然出现的半夜哭闹，要查明原因。如白天是否受了委屈，听了惊险的故事，睡前是否吃得过饱，或饥饿、口渴，尿床、内衣太紧、太硬以致躯体不适，以及肠道寄生虫或其他原因导致的腹痛、呼吸道感染导致的鼻塞等，给予针对性的处理。若无躯体疾病，则应改变其睡眠环境，如让其一个人独睡；对其夜间醒来，父母应克服焦虑情绪，不宜过分抚弄宝宝。

二、大小便训练

宝宝学会控制自己的大小便是儿童成长过程中重要的一步。让宝宝养成控制大小便和爱清洁的习惯，绝不是一件简单的事情。实际上，一个人今后是否讲究个人卫生、爱好家庭清洁、处事井井有条，都是从这里开始。从控制大小便中，宝宝开始体验到为人处世应有分寸，养成责任意识。同时，大小便训练是宝宝与父母之间沟通和配合的一个时刻，配合得好可以建立基本的信任关系。

（一）大便习惯的养成

1岁前的宝宝对大便的排泄几乎无知觉，不受主观意志的支配。因此，1岁前的宝宝仅仅具备接受初步训练的低级条件。比如，如果父母有心训练的话，可以每天按时让宝宝坐在便缸上去"接"大便。如此进行几周的话，一些宝宝也会养成一接触到便缸会自动排便。这是一种条件反射。实际上宝宝对排便并没有真正的意识。如此以后，当宝宝有了自主意识，他们会对这种"排便"的条件反射产生抗拒，甚至造成大小便无禁现象延长。因此，在1岁前不主张对宝宝进行排便训练。

家长在训练宝宝排便的习惯时，不是一上来就摘下尿布，直接要宝宝蹲到便缸上去。在便缸买回来后，应在一段时间内把它作为一件属于宝宝的新家具，让他们身上带着衣服去适应。这时可以把宝宝领到便缸前，告诉他这东西是属于他的，习惯于把便缸当做板凳坐并对它产生亲切自然的感情，之后再提起大便的问题。如果宝宝坐得不耐烦了，应该马上让他站起来。哪怕只是稍微坐了一会儿也行，不要让宝宝觉得坐便缸就是坐牢，让宝宝自觉自愿、兴高采烈地去进行这种"仪式"。第二阶段，当宝宝对便缸感到亲切之后，下一步就是把便缸与大小便联系起来。这时，父母可以作为榜样示范，告诉宝宝自己是怎么大小便的。当然也可以把宝宝认识的哥哥姐姐作为例子，对他作出解释。还可以找个年龄大点的小朋友当面示范，当然如果实在找不到小朋友，父母也可以亲自示范，可能有些父母会觉得害羞，但是，当父母的给宝宝示范一下大小便的姿势，也不至于害羞到哪里去吧。当宝宝把大小便和便缸联系起来以后，领他到便缸前，让他坐上去试试，如果他不肯，不要强迫，下次再说。每天这样试一次，连续一周。如果宝宝还是把大便拉在尿布上，可以把尿布解下来，拉他到便缸上坐下，指着他的大便告诉他爸爸妈妈都是坐着自己的便缸上大便的。他有自己的便缸，所以要像爸爸妈妈一样坐在上面大便。若半月之内一点屎尿也接不住，可以稍微缓缓再试。

（二）小便习惯的培养

宝宝对于小便的控制要比大便晚，一般情况下，宝宝在睡眠状态下储存尿液的时间较长，而在清醒状态下则较短。实际上，少数宝宝在1岁时就可以本能地停止夜间排尿了。在宝宝1岁前排尿常常十分频繁，到了15~18个月期间，他们存储尿液的时间达到2小时之久。宝宝如果具备了自我控制的条件，几乎可以同时实现大小便的控制。也就是说，儿童在3岁到3岁半之间，无论是从意识还是从身体的机能都已经具备了控制大小便的条件。可是即使宝宝在实现小便控制后的几个月内，仍然会出现失禁现象的。这些情况往往是因为小朋友玩上瘾了。

三、让孩子更健康——自然锻炼

空气、阳光、水是婴幼儿生存不可缺少的物质条件，但是他们同时也是婴幼儿锻炼身体的有效手段，如果利用得当，能增加婴幼儿身体的抵抗能力，对于环境的适应能力，保证婴幼儿身体的健康发育。

新鲜的空气含有较高量的氧，供氧量的充足与否将促进人体的新陈代谢，帮助脂肪、蛋白质和碳水化合物氧化，阳光里的紫外线直射皮肤时能够产生维生素D，有利于生命活动的正常进行。因此，不时地晒晒太阳对婴幼儿的成长是十分有益的。生活在清新寒冷空气中的人，气色红润、精神振奋、同时也可以增进人的食欲。但是，长期生活在温室中的婴幼儿，则往往食欲不振、面色苍白。因此，很多父母都认为每天应当带婴幼儿到室外去活动两三个小时。

出生 3 个星期的婴儿可以适当接触外部空气，如果是夏天，还可以尽量打开门窗，使空气自由流通，即使在天气还比较凉的春秋季节，只要气温稍微高些，比如达到 18℃以上，风不是很大时，也要打开门窗通风，冬天也要注意在光照充足的日子，每天应 1 个小时开窗户通风 1 次。一般情况下，不要把 1 个月的婴儿带到人多的地方，因为这时的婴儿被传播疾病的危险很大。当婴儿快长到 1 个月的时候，只要是不太冷，又没有风的日子，就可以把孩子抱到屋外，让婴儿接触到外面的空气得到锻炼。但是如果室外温度较低或者日光直射很强的时候，这么小的婴儿就不必再这样做了。

夏天室内如果很闷热时，可以在户外找个比较凉快的地方乘凉，时间可以适当长一点。即使是在室内比较凉快的情况下，也应该每天带着婴儿到室外去两个小时，以清晨和傍晚出去比较合适，冬天带婴儿出门的时间最好选在中午，刚开始时可以在上午 10 点和下午两点中间出去。随着年龄的增长，婴儿醒着的时间逐渐延长，不适宜再让他们睁着眼睛白白地看外面的一切。这时他们可以在父母的陪伴下，或者是睡着的时候，在室外逗留两三个小时晒晒太阳，开始时，每天可以少晒几分钟，以后逐渐延长。晒一段时间后，可以给他们翻个身，让全身都能够晒到太阳，但是，所有晒太阳的时间不应该超过 40 分钟。在晒太阳时，应当注意以下一些问题：首先，让婴儿晒太阳不可一下子晒得太猛，要循序渐进，避免晒伤皮肤。其次，即使一些婴儿因为经常出去晒太阳把皮肤晒得很黑，也应当注意不能暴晒。人在晒过太阳后，皮肤变黑，是为了保护人体不受强光照射的危害。但是，如果再继续暴晒，皮肤就会受到损伤。最后，当婴儿体重增加到 10 斤后，可以在阳光比较好的室外晒晒身子，同时，脱掉一些衣服一般也不会受寒，当天气比较凉爽时，还可以让他们晒晒腿，但是，如果阳光刺眼，婴儿的脸不能立即暴露，如果要暴露脸的时候尽量让婴儿头顶朝着太阳，这种姿势可以使眉毛保护眼睛。

　　婴儿喜欢在水中锻炼嬉戏，利用水进行身体锻炼可以刺激神经，增强体质。1岁以内的婴儿可以用温水来进行身体的刺激和锻炼，水温以34℃到36℃适宜，冬天和春天每天一次，夏天和秋天每天两次。

　　另外可以通过游泳，冷水擦浴、淋浴以及冷水洗脸和洗脚来锻炼孩子。冷水擦浴适合体质较弱和年龄较小以及初步进行水浴锻炼的婴儿，一般从婴儿半岁开始，进行水浴锻炼的婴儿可以从32℃到30℃之间开始，一般情况下，父母用湿毛巾先擦拭孩子的上肢，然后再按照胸部、腹部、背部和下肢，每三日或四日降低一度，可以降至26℃到24℃，等到低于这一温度时，水温下降的速度要慢些，还可以继续下降到21℃。2岁左右的婴儿则可以用冷水洗脸和洗脚，每天可在早晚进行一次，水温在开始时在39℃，以后逐渐降至20℃到16℃。

第四节　给宝宝卫生的环境——清洁和消毒

　　所谓消毒，就是指利用物理或化学的方法杀灭或清除传播媒介上的病原微生物。而家庭的卫生环境会对宝宝的健康成长产生重要影响，家长要注意对居室内的空气和物品进行消毒处理，保持干净的外部环境。

　　家庭内常采用的简单易行的消毒方法主要分为三大类：一类是高温消毒，主要通过蒸汽以及对有关物品煮沸进行消毒；一类是物理消毒，即利用空气和阳光中的紫外线进行消毒；还有一类是化学消毒，是指用化学制品来进行消毒，比如84消毒液、漂白粉溶液等。

　　面对如此众多的消毒方法，家长应当注意选择：凡能采用高温消毒的，首选高温消毒，特别是在家庭中，采用煮沸或利用蒸锅进行蒸气消毒很容易做到；凡是能采用物理消毒法的应优先选择物理消毒法；而化学消毒法是三种消毒法中最后的选择。

一、煮沸消毒法

煮沸消毒法是家庭内最常用的一种消毒方法。因为这种方法简单、方便、经济，并且可以有效地除去物品所沾染的细菌和病毒。

宝宝的食用器具比如奶瓶、碗筷以及汤匙，尿布、纱布和毛巾以及某些儿童玩具都是适宜采用这种方法消毒的。在用煮沸消毒法时应当注意：第一，在消毒前，应当充分清洗物品；第二，要准备足够量的水，以水能完全浸没消毒用具；第三，消毒时间以水沸腾开始计算，经过 15~20 分钟即可。如果时间过短，则会导致无法完全杀灭细菌，而时间过长，又会使得需要消毒的物品增加老化的程度；第四，消毒时应盖上盖子，保持高温状态；第五，消毒的时候一定要注意应当有人在场，避免发生意外。

但是煮沸消毒法并不能杀灭一切细菌，有些生物毒素和化学性质的毒素，比如黄曲霉毒素以及河豚毒素等就不是高温煮沸所能解决的，所以，预防是切断细菌源的最好手段。

二、日光暴晒法

自然消毒方法还可以利用阳光来进行，因为阳光中的紫外线能使细菌等生物的遗传物质在传递过程中出差错，这样会使得控制生命重要特质的遗传物质发生改变，细菌就无法存活了。当然，在阳光下暴晒还可以使得物体干燥，温度升高，导致控制生命重要特征的遗传物质发生改变，细菌就不能存活。高温下细菌也将无法存活。但是在利用阳光消毒时往往要看天气情况，特别是光线的强度和暴晒的时间，要想达到消毒的目的需要 6 个小时左右的时间。这种较高温度对细菌也有杀灭作用。需要注意的是，由于阳光消毒易受外界因素影响，只能作为其他消毒措施的辅助手段。利用阳光进行自然消毒可用于婴幼儿常用的衣物、毛巾、洗脸、洗屁股的盆、枕头以及玩具等。衣物、毛巾如果经常放在屋里晾晒，因为空气不够流通，导致细菌的滋生，所以，毛巾一定要在洗净后经常拿到室外进行暴晒。同时，卫生间的盆、桶等，时间长了也会积累污垢，滋生细菌，所以也要经常进行暴晒。枕头是最容易藏匿细菌的地方，在高温下暴晒会杀灭细菌，使幼儿睡起来更舒服，提高睡眠的质量。玩具在用清水洗净后放在阳光下暴晒，也是为了最大限度地杀灭细菌。

三、擦拭消毒法

所谓擦拭消毒，主要是指用布或其他擦拭物浸以消毒剂溶液，擦拭物体表面进行消毒的方法。擦拭消毒法是日常生活中最为常用的消毒方法之一，它可以清除物体表面的病原体，经过彻底清洗后擦拭的物品至少可清除90%以上的病原体。一般用于桌椅、家具、门窗、地面、楼梯的消毒，也可用于毛巾、玩具、痰盂、拖把、双手的清洗消毒。常用的消毒剂有酒精和漂白粉。用75%的酒精擦拭皮肤，用酒精浸泡30分钟可消毒餐具等。漂白粉能使细菌体内的酶失去活性，以致死亡。桌、椅、床、地面等可以用1%－3%的漂白粉沉淀后的清液擦拭消毒。

四、喷雾消毒法

室内空气消毒，通风条件好，可利用自然通风法；通风不良，又必须进行空气消毒时，则宜采用消毒液熏蒸或气溶胶喷雾法处理。对垂直墙面、油漆的光滑表面，消毒剂不易停留，使用冲洗或擦拭的方法效果较好；粉刷的粗糙表面较易沾湿用喷雾处理较好。可采用化学消毒剂喷雾或熏蒸消毒，常用的化学消毒剂有过氧乙酸含氯消毒剂、中草药消毒剂等。过氧乙酸用量按1克每立方米计算，喷洒消毒时要注意关闭门窗，盖严食品及家电等用品；喷洒时应分区、分段进行，上上下下，所有的地方，都不遗留空隙；地面喷洒两次，空间喷一次。但是应当注意所用消毒剂必须有卫生许可证且在有效期内，且消毒时室内不可有人。

第二章
0~3岁婴幼儿的保健护理

第一节　充满爱意的锻炼——婴幼儿抚触

婴幼儿抚触也就是按摩，指通过抚触者双手对婴幼儿皮肤进行按摩，让温和、良好的刺激通过皮肤的感受器传到中枢神经系统，产生生理和心理的效应。

一、婴幼儿抚触的功能

（一）促进婴幼儿的身体发育

1. 增强免疫力

抚触可以刺激淋巴系统，提高对于疾病的抵抗能力，增强对突发事件的反应水平，有利于增加机体的免疫力，促进宝宝抗病能力的发展。

2. 活动肌肉

一系列的抚触动作活动了宝宝的肌肉，使宝宝紧缩的肌肉得到舒展，屈肌和伸肌获得平衡，保持皮肤的清洁和弹性，使肢体长得更强壮，身体更健康。抚触对于生病的宝宝来说，也可以减轻疼痛和不适的感觉，缩短治疗过程。

3. 促进食物的消化和吸收

抚触通过刺激宝宝的体表感受器，使压力感受沿着脊髓传至大脑，从大脑发出信息，从而促进机体胃肠的蠕动，胃肠道内分泌激素的活力增加，胃口大开，吃奶量逐渐增加，使宝宝减轻腹胀、便秘，有利于营养物质的消化吸收，使其头围、身长、体重明显增长加速。

4 提高睡眠质量

抚触可以加深宝宝的睡眠深度，延长其睡眠时间，接受抚触的婴儿觉醒睡眠节律更好，反应更灵活，睡眠质量得到改善。同时，抚触对有睡眠障碍的宝宝也很有益，如调节部分宝宝入睡困难、易惊醒、睡眠方式多变，增加宝宝睡眠等问题。

（二）促进宝宝的心理健康

1. 益智作用

大脑的发育程度某种意义上决定了孩子的聪明与否，而孩子的年龄越小，脑细胞的增殖和突触连接的发育越快，但如果有丰富的外在环境刺激，将会使得大脑发育的速度得到提高。抚触可以充分利用身体这个最大的感受器官，通过刺激在皮肤上的不同感受器，使得神经细胞形成与触觉间的联系，逐渐促进神经系统发育和智能的增长。

2. 满足婴儿的"肌肤渴望"心理

抚触能够增加亲人和宝宝之间的情感交流，也满足了婴幼儿"肌肤渴望"的心理，也就是说宝宝期望得到别人的爱抚、心理上渴望亲人安慰的需求。这样就要求父母要给宝宝进行抚触，并在抚触的时候一定要饱含深情，不停地和宝宝说话，给宝宝亲吻，将自己的情感通过皮肤抚触、声音和视觉、动觉、平衡觉综合传递给宝宝，增加和宝宝之间的情感交流。

3. 有利于良好个性和社会性发展

通过抚触，可以使父母与宝宝更多、更好地交流。抚触时，通过对宝宝皮肤温和的刺激，把自己的爱意传递给孩子，使孩子感到无比的幸福和安全，有助于安慰哭泣或烦躁的孩子，稳定孩子的情绪，减少焦虑，增强自信感。抚触不仅能够使宝宝有愉悦的感受，也会使父母感受到因与宝宝的交流而带来的快感。

二、抚触操

婴儿抚触的技术要求并不高，每一个新爸爸、新妈妈都可以在一段时间的练习之后自己在家里给婴儿做。而且，抚触应该尽早开始，一直持续到孩子长大之后，即使对于较大的孩子，抚触仍然还是能够起到消除紧张的作用。

第一节　脸部抚触

轻柔地按摩婴儿头部，并用拇指在孩子上唇和下唇分别画出一个笑脸的形状，让孩子能够充分感受到快乐。

第二节　胸部抚触

双手放在宝宝的两侧肋骨，先是右手向上滑再向宝宝右肩，复原；换左手，方法同前。这个动作可以顺畅呼吸循环。做6个节拍。

第三节　腹部抚触

在宝宝腹部以顺时针方向按摩。这个动作可以加强婴儿排泄功能，有助排气舒解便秘，按摩动作要在婴儿下腹部（右下方），这是排泄器官所在部位，目的是把排泄物推向结肠。做6个节拍。

第四节　手臂按摩

双手先捏住宝宝的一只胳膊，从上臂到手腕轻轻挤捏，再按摩小手掌和每个小手指。换手，方法同前。这个动作，可以增强手臂和手的灵活反应，增加运动协调功能。做6个节拍。

第五节　腿部抚触

从宝宝的大腿开始轻轻挤捏至膝、小腿，然后按摩脚踝、小脚及脚趾。这个动作是增强腿和脚的灵活反应，增加运动协调功能。做6个节拍。

第六节 背部抚触

将宝宝趴在床上（注意宝宝脸部，使其呼吸顺畅），双手轮流从宝宝头部开始从颈向下按摩，再用双手指尖轻轻从脊柱向两侧按摩。动作结束后，还可将手轻轻抵住宝宝的小脚，使宝宝顺势向前爬行（注意：新生儿做1~2个爬行动作即可）。这个动作可以舒缓背部肌肉，做6个节拍。

抚触没有固定的模式，所以妈妈可以根据宝宝的情况不断调整，以适应宝宝的需要，对新生儿，每次按摩15分钟即可，对大一点的宝宝，约需20分钟左右，最多不超过30分钟。一旦孩子觉得够了，应立即停止，一般每天进行三次为宜。

三、主被动操

婴儿主被动操是婴儿每天都可以进行的训练，能够有效地活动全身的肌肉、关节，为爬行、站立和行走打下基础。主被动操的被动指的是儿童动作的完成须在成人的适当扶持下完成，主动是指婴儿的部分动作是自主完成的。

（一）被动操（适用于1-3月的婴儿）

第一节 准备活动

目的：消除婴儿肌肉、关节的僵硬状态，适应机体活动的需要，避免外伤。

预备：让婴儿自然放松仰卧，家长握住婴儿两手腕。

动作：1. 从手腕向上按摩四下至肩。

2. 从足跟按摩四下至大腿部。

3. 自胸部按摩至腹部（家长手成环形，由里向外，由上向下）。

4. 同第三个四拍。

第二节 上肢运动（活动肩部肌肉及关节）

目的：活动肩部肌肉及关节。

预备：婴儿仰卧，两臂放体侧，成人将双手拇指放在婴儿掌心，其他四指轻握婴儿双腕。

动作：1. 两臂左右分开侧平举，掌心向上。

2. 两臂前伸，掌心相对。

3. 两臂上举，掌心向上。

4. 还原预备姿势。

第三节　扩胸运动

目的：活动肩、肘关节及上肢、胸部肌肉。

预备：同第一节

动作：1. 两臂左右分开。

2. 两臂胸前交叉。

3. 两臂左右分开。

4. 还原。

第四节　下肢运动

目的：活动膝、髋关节及下肢肌肉。

预备：婴儿仰卧两腿伸直，家长两手轻握婴儿脚腕。

动作：1. 双脚抬起与桌面成45度。

2. 左腿屈曲至腹部。

3. 同第一拍。

4. 还原（第二个四拍右腿动作同左腿）

第五节　举腿运动

目的：活动髋关节及韧带。

预备：同第四节

动作：1. 左腿上举与躯干成直角。

2. 还原。

3. 右腿上举与躯干成直角。

4. 还原。

第六节　抬头运动

目的：训练颈部肌肉，促进抬头。

预备：婴儿俯卧在床，家长在婴儿身后两手扶婴儿双肘及前臂。

动作：1. 使婴儿上肢屈曲，两手位于胸下。

2. 使婴儿头逐步抬起。

3. 抬起头。

第七节　翻身运动

目的：促进小儿翻身动作的发展。

预备：婴儿仰卧，双臂放于体侧，成人手握婴儿两上臂

动作：1.（一、二拍）家长拉婴儿左上臂轻轻向右翻。

2.（三、四拍）还原（第二个四拍方向相反）

第八节　放松运动

目的：使植物神经系统由紧张状态恢复到安静时的水平。

预备：同第一节。

动作：1. 左臂上举45度。

2. 还原。

3. 右臂上举成45度。

4. 还原。

（三）主动操（适用于7~12月的婴儿）

这个时期的婴儿已经有了初步的自主活动的能力，能自由转动头部，自己翻身，独坐片刻，双下肢已能负重，并上下跳动。因此，适用于7~12个月婴儿的主动操同前半岁婴儿是不同的。

第一节　起坐运动

预备姿势：婴儿仰卧，家长双手握住婴儿手腕，拇指放在婴儿掌心里，让婴儿握拳，两臂放在婴儿体侧。

1. 把婴儿双臂拉向胸前，两手距与肩同宽。

2. 拉引婴儿，家长不要过于用力。

3. 让婴儿自己用劲坐起来。

第二节　起立运动

预备姿势：婴儿俯卧，家长双手握住婴儿肘部。

1. 握小儿肘部，让其先跪再立。

2. 扶婴儿站起，然后再由跪而俯。

第三节　提腿运动

预备姿势：婴儿俯卧家长双手握住婴儿两小腿。

两腿向上抬起扒车状，随着月龄增大，可让婴儿两手支撑抬起头部。重复两个八拍。

第四节　弯腰运动

预备姿势：婴儿同家长方向一致直立，家长左手扶住婴儿两膝，右手扶住婴儿腹部，在婴儿前方放一玩具。

1. 使婴儿弯腰前倾。

2. 拣桌（床）上玩具。

3. 拣起玩具成直立状态。

4. 家长、放回玩具。重复两个八拍。

第五节　托腰运动

预备姿势：婴儿仰卧，家长左手托住婴儿腰部，右手按住婴儿踝部。

1. 托起婴儿腰部，使婴儿腹部挺起，成桥形。

注：托起时头不离桌（床）面，并使婴儿自己用力。

第六节　游泳运动 预备姿势：让婴儿俯卧，家长双手托住婴儿胸腹部。

1. 悬空向前后摆动，活动小儿四肢，做游泳动作。

2. 重复两个八拍。

第七节　跳跃运动

预备姿势：婴儿站在家长对面，家长用双手扶住婴儿腋下。

1. 把婴儿托起离开桌（床）面（让婴儿足尖着地）轻轻跳跃。

2. 重复两个八拍。

第八节　扶走运动

预备姿势：婴儿站立，家长站在婴儿背后，或前面，扶婴儿腋下、前臂或手腕。

1. 扶婴儿学走。

2. 重复两个八拍。

第二节 疾病的预防

一、预防接种

准确、及时、有效地接种疫苗，可以有效地避免孩子以后受到传染或严重疾病的困扰。对于年轻的父母们来说，了解有关疫苗接种的知识至关紧要。

根据《疫苗流通和预防接种管理条例》规定，我国将疫苗分为两类。一类疫苗指的是政府免费向公民提供，公民应当依照政府规定接受的免费疫苗，包括国家免疫规划确定的疫苗，省、自治区、直辖市人民政府在执行国家免疫规划的基础上增加的疫苗，以及县级以上人民政府或者其卫生主管部门组织的应急接种或者群体性预防接种所使用的疫苗。第一类疫苗主要是以儿童常规免疫疫苗为主，包括乙肝疫苗、卡介苗、脊髓灰质炎减毒活疫苗、百白破疫苗、麻疹疫苗、甲肝减毒活疫苗、A群流脑疫苗、乙脑减毒活疫苗等，此外还包括对重点人群接种的出血热疫苗和应急接种的炭疽疫苗、钩体疫苗。第二类疫苗是指群众自愿选择自费接种的疫苗，比如流脑疫苗、甲肝疫苗、狂犬疫苗、麻疹、风疹、腮腺炎三联疫苗、水痘疫苗、流感疫苗等。

0~3岁前计划内疫苗接种时间表

年龄	疫苗名称	次数	可预防的疾病	接种的部位
生时	乙肝疫苗	第1次	乙型病毒性肝炎	上臂三角肌，肌肉注射
	卡介苗	第1次	结核病	上臂外侧三角肌中部，皮内注射
1月龄	乙肝疫苗	第2次	乙型病毒性肝炎	上臂三角肌，肌肉注射
2月龄	脊灰疫苗	第1次	脊髓灰质炎（小儿麻痹）	糖丸剂型1粒，液体剂型2滴，口服

3月龄	脊灰疫苗	第2次	脊髓灰质炎（小儿麻痹）	糖丸剂型1粒，液体剂型2滴，口服
	无细胞百白破疫苗	第1次	百日咳、白喉、破伤风	臀部外上1、4或上臂三角肌，肌肉注射
4月龄	脊灰疫苗	第3次	脊髓灰质炎（小儿麻痹）	糖丸剂型1粒，液体剂型2滴，口服
	无细胞百白破疫苗	第2次	百日咳、白喉、破伤风	臀部外上1、4或上臂三角肌，肌肉注射
5月龄	无细胞百白破疫苗	第3次	百日咳、白喉、破伤风	臀部外上1、4或上臂三角肌，肌肉注射
6月龄	乙肝疫苗	第3次	乙型病毒性肝炎	上臂三角肌，肌肉注射
	流脑疫苗	第1次	流行性脑脊髓膜炎	上臂外侧三角肌附着处皮下注射
8月龄	麻疹疫苗	第1次	麻疹	上臂外侧三角肌附着处，皮下注射
9月龄	流脑疫苗	第2次	流行性脑脊髓膜炎	上臂外侧三角肌附着处，皮下注射
1岁	乙脑减毒疫苗	第1次	流行性乙型脑炎	上臂外侧三角肌附着处，皮下注射
1.5岁	无细胞百白破疫苗	第4次	百日咳、白喉、破伤风	臀部外上1、4或上臂三角肌，肌肉注射
	麻风腮疫苗	第1次	麻疹、风疹、腮腺炎	上臂外侧三角肌附着处，皮下注射
2岁	乙脑减毒疫苗	第2次	流行性乙型脑炎	上臂外侧三角肌附着处皮下注射
3岁	A＋C流脑疫苗	加强	流行性脑脊髓膜炎	上臂外侧三角肌附着处，皮下注射

二、预防接种的护理

宝宝接受注射的当天不要洗澡，以免针眼感染，这时应注意休息，加强营养。不吃有刺激性的食物，如大蒜、辣椒等，多喝开水。如果在天气较冷的时间接种要给宝宝做好保暖工作，减少宝宝的运动量，以免出汗着凉引起感冒发烧，从而与免疫接种反应相混淆。如果有免疫反应的发烧现象体温在38.5℃以下的宝宝可以通过多喝热水等物理降温方法进行处理，对于针眼部位的红肿硬块现象可以用热毛巾湿敷。宝宝在接受预防接种后可能会出现一些反应，应注意护理：

（一）全身反应及护理

接种后少数宝宝可能在1~2天内发烧，直接表现是体温上升。体温在37.1~37.5为弱反应；37.6~38.5为中反应；超过38.6为强反应。发烧一般持续1~2天，很少有超过3天的。除了发烧以外，部分宝宝还会有头晕、全身不适、疲倦、恶心、呕吐、腹痛、腹泻等反应。出现这种情况时，家长一定要注意观察，一般情况下不需特殊处理，只要注意休息，多饮水就可以。但是如高热不退或症状较重时，应去医院就诊，特别要与感冒区别开。

（二）局部红肿及护理

少数宝宝接种卡介苗和牛痘后数小时针眼部位出现红肿硬块，这种局部反应多在接种后24小时，之后会在2~3天内逐渐消失，在接种后留有的硬结一般可自行消退，如果不自行消退的话，可用热敷促进吸收，一天三次一次10分钟左右。但是如果红肿大就是炎症扩散，应该在医生指导下使用抗菌素治疗。

（三）过敏反应及护理

少数宝宝能在几分钟内出现皮肤红肿、皮疹、哮喘、呕吐腹痛等反应，（其中以荨麻疹最常见）。大部分宝宝的过敏反应在接种疫苗后数小时至数天内发生皮疹，表现为大小不等，色淡红或深红色，有搔痒感，主要用抗过敏药物进行治疗如扑尔敏维生素等。

（四）异常反应及护理

一些宝宝在接种疫苗后会出现过敏性休克的现象：表现为在注射后数分钟至2小时后出现面色苍白、烦躁不安、呼吸困难、脉搏细弱、出冷汗、四肢冰凉、恶心呕吐、大小便失禁、甚至昏迷等现象。由于恐惧、精神紧张、疲劳、空腹等原因可在注射时或注射后数分钟发生头晕、心慌、面色苍白、出冷汗、手足冰凉、心跳加快等晕针的表现。应立即使患儿平卧，饮少量的热水，并注意鉴别是否为过敏性休克。

三、暂缓预防接种的情况及其处理

在进行预防接种时，每种预防制剂均有一定的接种对象，不是任何人任何时候都可进行预防接种的。在有以下情况时应暂缓进行预防接种：1. 宝宝正在发热时不宜进行预防接种，应查明病因，治愈后再接种。2. 患传染病并正处于恢复期或有急性传染病接触史而又未过检疫期的宝宝，不宜打预防针。3. 患严重慢性疾病的患儿，如心脏病、肝脏病、肾脏病不宜接种。4. 过敏体质及患哮喘、荨麻疹的宝宝不宜接种。5. 脑或神经系统发育不全，如癫痫病患者，不易进行乙脑疫苗、百日咳菌苗注射。6. 正在腹泻的宝宝，不宜服用小儿麻痹糖丸，应等待病好后两周，才可尝试服用。7. 患牛皮癣、皮肤感染、严重皮炎、湿疹的宝宝不宜接种，须待皮肤病痊愈后方可进行接种。8. 如果营养不良，患有严重佝偻病、先天性免疫缺陷的宝宝不宜接种。9. 正在使用抗生素的宝宝不宜进行接种。10. 预防接种时，如果出现不舒服，有呕吐、腹泻和咳嗽等症状时，在取得医生的同意后，可暂时不打预防针，待症状好转后再补打。

四、特殊群体及特殊情况接种注意事项及护理

（一）新生儿接种卡介苗后的护理

新生儿在接种卡介苗后应注意好好消息，多喝开水，且应观

察新生儿的表现，除此以外，父母要特别注意做到以下几个方面的护理：

1. 预防局部感染

一些父母不清楚新生儿接种卡介苗后会出现局部红肿、硬结，错误地以为是宝宝皮肤感染，于是采用热敷，并且抹药，这样做不但不会使红肿、硬结尽快消退，还有可能适得其反，影响疫苗接种反应的正常过程。所以在新生儿接种后，应注意保持接种处的清洁，以防局部混合感染。

2. 不可把脓疱弄破

新生儿在接种卡介苗后 3~4 周，在出现局部红肿的现象后，里面逐渐出现脓液，还有部分红肿处可能有个小白点，以后结痂，逐渐干枯。所以，父母在给新生儿穿衣服或洗澡时，更要格外注意，不要触碰硬块，更不能切开，否则就可能导致很难治愈，如果溃破处继发其他细菌感染，将给寒性脓肿的愈合带来障碍。

3. 异常反应及护理

新生儿在疫苗接种后会出现一些非正常的状态，比如严重的过敏反应、高烧或异常的头痛等。症状包括：呼吸困难、声音嘶哑、哮喘、荨麻疹、疼痛、虚弱、心跳加速或眩晕。这时应立即联系医生或将宝宝送往医院，告诉医生新生儿疾病的详细情况。

（二）计划外预防疫苗及适应对象

1. 体质虚弱的宝宝可考虑接种的疫苗

患有哮喘、先天性心脏病、慢性肾炎、糖尿病等抵抗能力差的宝宝，一旦流感流行，容易诱发疾病，家长应考虑接种流感疫苗。

肺炎是由多种细菌、病毒等微生物引起，一般情况下单靠某种疫苗预防的效果有限，因此，健康的宝宝不主张选用。但体弱多病的宝宝，应该考虑选用肺炎疫苗。

2. 流行高发区应接种的疫苗

b 型流感嗜血杆菌疫苗（HIB 疫苗）：3 岁以下宝宝容易感染B 型流感嗜血杆菌。它不仅会引起小儿肺炎，还会引起小儿脑膜炎、败血症、脊髓炎、中耳炎等严重疾病，是引起孩子严重细菌感染的主要致病菌。

轮状病毒疫苗轮状病毒是3个月到2岁婴幼儿病毒性腹泻最常见的原因。接种轮状病毒疫苗能有效地避免宝宝严重腹泻。

狂犬病疫苗凡被病兽或带毒动物咬伤或抓伤后，应立刻注射狂犬疫苗。若被严重咬伤，如伤口在头面部、全身多部位咬伤、深度咬伤等，应联合用抗狂犬病毒血清。

第三节　0～3岁婴幼儿常见疾病的护理

一、营养性疾病的知识

一些宝宝吃饭时挑食、偏食，还有一些宝宝爱吃零食，不爱吃饭。这样的习惯是非常不好的，长期下去容易得营养缺乏病。宝宝常见的营养性疾病如：

（一）维生素 D 缺乏性佝偻病

这是一种常见的婴幼儿慢性营养不良病。如果宝宝饮食中缺乏维生素 D，或者缺乏紫外线照射将导致其体内维生素 D 的合成量减少，引起钙、磷代谢异常，使骨骼、软化、变形并成为维生素 D 缺乏性佝偻病。维生素 D 促进身体钙质吸收、维持血、钙平衡，保证人体钙质吸收、骨骼强壮的必要条件。尤其是宝宝在生长发育期，如果骨骼不能充分钙化，加上自身的负担，骨骼就会变形。如果维生素 D 不足而使钙、磷代谢失常，钙不能正常地沉着在骨骼的生长部分，将会导致骨骼发生病变。宝宝从出生后到2岁是维生素 D 缺乏性佝偻病的易发年龄，另外，冬季出生的婴儿，因缺乏日照也易于发病。

佝偻病的表现会随着年龄的不同而不同。如果宝宝在3个月时缺乏维生素 D，则容易诱发颅骨软化（乒乓头），即顶骨与枕骨中央部分用手按压时稍有凹陷，并有颅缝加宽，前囟门闭合延迟，导致脸部容貌受到影响，甚至智力出现问题；部分宝宝表现为出牙晚甚至可延至1岁出牙，或3岁才出齐；在宝宝6个月时缺乏维生素D，则可发生肋骨串珠和肋骨外翻，前胸部两侧肋骨与软骨交界处外凸成"鸡胸"；当宝宝刚开始学走路时，维生素的缺乏则可有"O"型腿或"X"型腿。这些婴儿，往往多哭、多汗、神情呆滞，所以家长应做好预防。特别是在出生后2~3周，儿童每天需要约800~1000毫克钙，其中从食物中摄入的总钙量只有400~500毫克。因此，每日定时给予食用鱼肝油及钙片，平时多吃富含维生素D、钙丰富的食物；还要多见阳光。

（二）营养性缺铁性贫血

铁是宝宝身体必需的微量元素之一，是微量元素中含量最多的，但同时也是最容易缺乏的一种，营养性缺铁性贫血是婴幼儿时期最常见的贫血性疾病。如果宝宝成长过程中缺铁可导致缺铁性贫血。缺乏铁的宝宝，其症状并不是想象中所认为的表现为脸色发青，而是验血的时候发现血色素低。缺铁可影响儿童智力发育，出现乏力，注意力不集中，记忆力降低，烦躁，无精打采，食欲减退，肝、脾和淋巴结轻度肿大，同时可有呼吸暂停现象，俗称"背过气"。婴幼儿期是身心发展的重要阶段，长期缺铁会造成无法挽回的影响，对其今后的生活将造成严重损失。因此，如果家长怀疑自己的宝宝患有贫血的话，应尽快去就医。

婴幼儿患营养性缺铁性贫血，主要是一些宝宝有偏食的习惯，特别是不爱吃青菜，加上家庭饮食搭配较单调，只是吃肉、蛋类等，以肝及动物血为原料的食物少，这也是贫血的原因。一般情况下，轻度贫血（血红蛋白为9~12克）可不必用药，而采取改进饮食营养来纠正。饮食安排要根据婴幼儿营养的需要和季节蔬菜供应情况，适当地搭配各种新鲜绿色蔬菜、水果、肝类、蛋类、鱼虾、鸡、猪牛羊肉和血，再加豆类食物，尽量做到每日不重样。烹调时，注意色、香、味。就餐以前再给宝宝介绍一下菜肴的特点和营养，以使婴幼儿喜欢吃。药物治疗的方法：应在在医师指导下，比如补充以铁剂及蛋白质为主的药物，补充维生素 B12、叶酸、维生素 C 等。

（三）碘缺乏病

碘是人体不可缺少的一种营养素，当摄入不足时，机体会出现一系列的疾病。碘缺乏病不仅仅是人们常说的甲状腺肿大，它还可以造成智力损害，甚至智力残疾。

碘是人体生长发育所必需的微量元素，如果在婴幼儿时期碘缺乏将会影响孩子大脑的正常发育，造成不可恢复的智力残疾。严重的缺碘会产生智障等，这些人生活不能自理，对自身、家庭和社会造成极大的负担。因此，家长必须设法增加膳食中的碘摄入量。比如：食用加碘食盐；多吃富含碘的食物如海带、紫菜、鲜海鱼、干贝、海蜇和龙虾等。

（四）肥胖症

父母在养育宝宝的过程中一定要注意营养物质的摄入，但是又不能摄入过量，否则可能又会导致营养过剩的疾病，比如常见的营养过剩疾病：肥胖症。肥胖，是指一定程度的明显超重与脂肪层过厚，是体内脂肪，尤其是甘油三酯积聚过多而导致的一种状态。宝宝肥胖的高发期是一岁以内，主要是因为这一时期孩子活动范围小，吃的食物又营养过剩，还有部分家长给宝宝进食时不注意控制，错误地认为："吃得越多越好！长得越胖越好！"这样将会导致孩子出现肥胖，在婴儿期肥胖的孩子，到二三岁后肥胖现象可以改善，但是仍有一部分孩子则持续发展，一直维持到成年。

营养过剩导致摄入热量超过消耗量，多余的脂肪以甘油三酯的形式储存于体内致肥胖。婴儿喂养不当，例如每次婴儿哭闹时，就立即喂奶，时间长了养成习惯，以后每遇挫折，就想找东西吃，易导致婴儿肥胖，或太早给婴儿喂高热量的固体食品，使体重增加过快，形成肥胖症；妊娠后期过度营养等，均可成为生后肥胖的诱因。

（五）其他维生素不足

现实中，一些人在营养问题的认识上存在偏差，以为吃好、吃多就是营养好。以目前中国人的饮食习惯，最容易在烹调、加工过程中丢失维生素，快餐中的维生素含量更少。生活中，一些父母经常抱怨宝宝小小年纪却容易疲乏，懒于活动，其实有相当一部分的原因在于缺乏维生素，这些现象已成了不容忽视的问题。比如常见的维生素 A 缺乏病等。

维生素 A 具有维持机体正常生长，生殖、视觉、上皮组织健全及抗感染免疫的功能。维生素 A 缺乏病，多见于婴幼儿，是世界卫生组织确认的世界四大营养缺乏病之一。因此，维生素 A 缺乏时可引起宝宝成长发育的一系列问题，如骨组织停止生长、发育迟缓；影响牙齿牙釉质细胞发育，容易发生龋齿，导致牙齿不健全；上皮组织结构受损；免疫功能低下，容易引起呼吸道、消化道和泌尿道的各种感染，有的宝宝皮肤干燥、脱屑，头发、指甲也会出现异常症状。

因此，在日常生活中应注意提供富含维生素 A 的食物：如动物肝脏、鱼肝油、奶、禽蛋等，深色蔬菜、红黄色水果和薯、瓜类中，如胡萝卜、青辣椒、韭菜、空心菜、杏、芒果、红心白薯和南瓜等。

二、足月新生儿的护理

（一）保持良好的居室环境，预防感染

新生儿居住的房间，光线不能太暗或太亮，有些家长害怕新生儿眼睛受光线刺激，常常喜欢挂上厚重的窗帘，其实这是不宜的，应让新生儿在自然的室内光线里学会适应，而避免阳光直射眼部。除此以外，新生儿的居住房间应尽量减少众多人，谢绝或减少探望，特别要注意不能让带有流行性疾病的人进入新生儿房间或与新生儿接触。父母在护理新生儿时，要注意卫生，应在每次护理前洗手，防止手上沾染的细菌带到新生儿的皮肤上，如护理人员患有传染性疾病或带病菌者则不能接触新生儿，以防新生儿受感染。一旦新生儿发生传染病时，必须严格隔离治疗，接触者隔离观察。在保证室温的情况下，应保持室内空气新鲜，须定时开窗换气。

（二）维持恒定的体温

新生儿体温调节功能尚不完善，对外界温度变化适应能力差，过冷和过热都容易生病。因此，父母应特别注意通过调节外在环境的温度来保持孩子适宜的体温。新生儿居室的温度应保持在22~24℃，盛夏要适当降温，冬天则需要保暖，但均应注意通风。此温度下，身体耗氧量最少，蒸发散热量最少，新陈代谢最低。除环境温度外，还应注意适宜的湿度。冬春季节，一般空气较干燥，应勤用湿布擦地，如果使用暖气则应注意空气湿度的调节，可在房间内放置水盆或使用空气加湿器。此外，父母应注意孩子衣被的增减、观察室温，使其体温保持在36~37℃之间（腋下）。

（三）衣服和尿布

新生儿的衣服应以柔软且易于吸水的棉制品为主；衣服的颜色则应选择浅淡色，原因在于这样一方面便于发现污物，另一方面防止重色衣服掉色对新生儿皮肤产生不利刺激；另外，衣服应尽量宽松，不妨碍肢体活动且以易穿、易脱的开衫为主；由于新生儿头部散热较大，气候寒冷或室温较低时应该戴小帽子，同样要柔软舒适。

新生儿使用的尿布同样要选用柔软吸水性好的棉织品，做到勤洗勤换。孩子大便后应清洗臀部，并外涂适量护肤品；尿不湿则应选择质量较好且透气性能好的，在家里尽量选用尿片，出门或睡觉时可选用尿不湿；另外，注意尿片或尿不湿包裹不宜太紧，防止新生儿两腿的自由伸展。

（四）哺乳和喂养

新生儿喂养是一门很大的学问。一般认为出生后母乳喂养得越早越好，当然，视婴幼儿的具体情况，大部分孩子在出生后半小时到4～8个小时进行哺乳即可。可是如果妈妈暂时没有分泌乳汁，也要尽量让新生儿吮吸乳头，以促进乳汁分泌，否则，孩子越是不吮吸，母亲乳汁分泌的会越来越少，直到最后根本没有奶给孩子吃。因此要鼓励母亲用母乳喂养新生儿，尤其是生后第一次喂奶时的初乳，其中含有多种抗体，一定不要丢弃。

（五）脐部护理

脐部是细菌侵入新生儿肌体的重要门户，所以新生儿还应特别注意保持脐部清洁。脐带的护理一般采用如下办法：每天用0.2%－0.5%聚乙烯醇醚络碘溶液轻擦脐带部位，然后用消毒纱布盖好，并用粘膏粘好。有条件的时候，应尽量多让这一部位通风，因为这样有助于加速收缩和痊愈。如果发现有液体流出或者其他感染的症状，请立即向医生咨询。在护理脐带时要注意防止大小便弄湿脐带及其覆盖的纱布。一旦脐部被尿湿，必须立即消毒及更换敷料。另外，在给孩子洗澡时，只要洗澡后把它彻底擦干即可。脱落后则不必再用纱布覆盖，但仍然要保持局部干燥和清洁。

三、婴幼儿五官保健与护理

（一）眼睛的护理

从孩子出生的那一刻起，就要面对各种各样的眼睛疾病侵袭，想要孩子拥有一双明亮而清澈的眼睛，妈妈要特别注意保护好孩子的眼睛。

新生儿期常见的问题是眼屎多。不少家长认为这是因为宝宝"热气"，其实，父母们应当防止由于细菌入侵到泪囊所导致的眼屎多的问题。因为，当细菌在泪囊中繁殖、化脓，脓性物填满整个泪囊，无法往下排泄时，唯一的通路是沿着泪囊、泪小管向上排到眼睛里，于是宝宝就会表现出眼屎较多的问题。如果不及早治疗，有可能会发展成角膜炎，进而影响孩子的视力发育。

婴幼儿时期在给他们清洗眼部的时候，应先把棉球放在水里沾湿，再挤干水分，每擦一只眼睛都要换一个新的棉球，从内眼角向外眼角擦。除此以外，父母还要特别注意不能让宝宝长时间盯着某样物品看，尤其是 2 周岁以内的婴幼儿最好不看电视，这将影响孩子视力的发展。父母一旦发现孩子眼睛有异常症状时，应及时看医生，切忌滥用眼药水。平时注意不要让幼儿接触尖锐的玩具，当心眼外伤。2 至 3 岁时应注意让幼儿练习做眼保健操。

（二）鼻子的护理

鼻是呼吸道的门户，新生儿的鼻腔黏膜腺体较为丰富，每日大约分泌 100~200 毫升水分，用于提高吸入空气的湿度，防止呼吸道黏膜干燥，维持鼻腔黏膜纤毛的正常运动。如果经常有挖鼻或不正确的挖鼻的坏习惯，就会损害娇嫩的黏膜，细菌乘虚而入，引起鼻疖及鼻窦炎。鼻的中膈部黏膜非常脆弱，一旦遇到过热、过冷、过干燥都会引起鼻黏膜受损和出血。不能让幼儿得到可塞入鼻孔的小东西，避免物品意外损伤鼻脸或嵌入鼻内。幼儿学步后，走、跑易跌伤鼻子，要注意防范。

临床上，"伤风感冒"导致宝宝鼻涕较多的情况最多见，遇见这样的情况，父母在护理时应当注意：首先，如果是天气干燥，宜多喝水，少挖鼻，多吃新鲜水果和蔬菜；其次，平时不要让孩子玩太小的东西，以免造成鼻内有异物；最后，清理鼻腔分泌物时，一定不能强行夹出，要先软化鼻痂，用棉棒蘸清水往鼻腔内各滴 1~2 滴，或用母乳、牛奶滴入亦可，经 1~2 分钟待鼻痂软化后，再用干棉棒将其取出，或用软物刺激鼻黏膜引起喷嚏，鼻腔的分泌物即可随之排出，从而使新生儿鼻腔通畅。

一些孩子表现为生理性流鼻涕，父母遇到这种情况不必紧张。只要及时帮助清除流在嘴上的鼻涕，平时给小孩备用 1~2 条手帕，教会孩子擦干净鼻涕，孩子在多次擦鼻涕后，可能会出现皲裂、疼痛。因此，在擦完鼻涕后，可用湿热毛巾捂一下，涂上润肤霜，防止因为皮肤疼痛产生的不适感。另外，孩子鼻塞时，也可以用温热毛巾敷于鼻子根部。

（三）耳朵的护理

足月新生儿外耳道相对狭窄，所以应当保持外耳道干燥，避免进水。但是，一旦在给孩子洗澡或洗脸或其它意外情况时，不小心使水进入耳朵内，液体常在中耳积聚，可导致中耳炎的发生；另一种情况是新生儿感冒后，有些液体常在中耳积聚，如果细菌感染，则会引起耳朵疼痛，

图1-23　奶奶说的啥，我听不懂。

导致急性中耳炎。还有一些吃母乳的婴儿，由于母亲喂奶姿势不当导致乳汁可经咽鼓管进入中耳，引起急性中耳炎。另外，家长最好不要用手替宝宝挖耳垢，因为指甲上的细菌容易乘虚而入，侵入指甲划破的外耳道上皮，引起外耳道炎。而中耳炎的不当治疗极易引起耳朵失聪的问题。同时，药物是导致后天性耳聋的主要原因。预防感冒，慎用耳毒性抗生素，如庆大霉素、链霉素等，以免引起药物中毒性耳聋。

（四）喉的保健

孩子的咽部相对较长，呈漏斗型，喉软骨柔软，声带及黏膜娇嫩，淋巴组织丰富，发炎时易发生充血肿胀，引起喉部狭窄，致使呼吸困难，甚至死亡。因此，父母平时要预防咽炎、扁桃体炎。感冒流行期间更应注意少带宝宝到公共场所，以免引起交叉感染，另外，还应保持室内空气新鲜，防止发烧，以预防咽炎、扁桃腺炎，增强抗病能力。同时，父母要教育宝宝少哭吵，宝宝吵闹时家长要及时制止，婴幼儿的发音器官娇嫩，保护不好极易患病。不要让宝宝狂呼乱叫，对孩子任性哭闹要及时制止，以免声带充血肿胀、发炎，甚至声带肥厚或发生声带小结样病变。

（五）口腔的护理与保健

一般情况下，正常新生儿不必做口腔护理，只要在奶后擦净

口唇、嘴角、颌下的奶渍，保持皮肤粘膜干净清爽即可。在新生儿的牙床上会看见一些凸起的黄白色的小斑点，俗称"马牙"。这是胎儿在 6 周时，所形成的牙的原始组织，叫牙板，而牙胚则是在牙板上形成的，以后牙胚脱离牙板后会生长出牙齿，断离的牙板被吸收而消失，有时这些断离的牙板形成一些上皮细胞团，其中央角化成上皮珠，有些上皮珠长期留在颌骨内，有的被排出而出现在牙床黏膜上，即为"马牙"，马牙一般没有不适感，个别婴儿可出现爱摇头、烦躁、咬奶头，甚至拒食，这是由于局部发痒、发胀等不适感引起的，一般不需做任何处理，随牙齿的生长发育，"马牙"或被吸收或自动脱落。

但是一旦患了口炎或其他口腔疾病则应做口腔护理。这时口腔卫生重点是保护牙齿，乳牙非常易患龋病，要定期检查，千万不要在孩子牙齿疼痛时再"亡羊补牢"。另外，注意防止婴幼儿摔倒、跌伤口唇或牙齿。宝宝睡觉时张口呼吸，容易引起上唇翘起、下颌骨下垂、牙齿排列不齐、啮合不正等不美观的面容，出现这种情况应及时去医院治疗。当幼儿牙齿长齐时，就应教孩子养成良好的刷牙习惯，以预防蛀牙。

四、患病婴幼儿的基本护理

（一）让宝宝好好休息

俗话说"病是三分治七分养"。因此，一旦宝宝生病后，要特别注意让其休息，小孩子精力旺盛，因此会经常出现不愿休息的情况，但是，父母要想办法让他安静下来，少活动。休息时，妈妈可以陪宝宝安静地躺着，与他聊天，抚摸他的头部、背部，还可以把他抱在怀里。

（二）注意室内通风，保持新鲜的空气

新鲜的空气有益于生病的宝宝，一些家长在孩子生病后，认为通风会加重疾病的程度，但是实际上通风并不会引起感冒，而干燥、通风不良的环境则会加重疾病的程度。因为室内空气长时

间不流通，将会使室内空气污浊，病菌聚集，不利于孩子疾病的恢复。但是在通风换气时要注意如果孩子出汗时，通风会造成过冷，会使孩子着凉，加重病情，这时应注意尽量不要让冷风直接吹到孩子，也可以拉上窗帘换气。另外，生病的宝宝并不一定只能呆在家里，如果外面气候适宜，可以带宝宝出去享受阳光、新鲜的空气。

（三）补水充分

孩子因为生病，特别是一些常见的疾病，比如：发烧、流汗、气喘、呕吐、腹泻、流涕等均可使体液流失很多，所以生病期间的宝宝需要更多的喝水，以补充液体量。只要孩子没有恶心的症状，他想喝水就让他尽量喝，当患儿腹泻时，不能因为害怕孩子拉肚子，就不给孩子补充食物和水分，孩子腹泻时，将会流失大量的水分，所以更应该要补充大量的水分。另外，多喝水可以缓解咽部的干燥感及疼痛，使孩子感觉舒服一些。当然，一次不需要太多量的水，应随时随地、小口地喂，以适应生病的宝宝。

（四）合理选择饮食

宝宝生病后，往往不想吃东西，但是一定要继续给孩子吃东西。很多家长看见孩子又拉又吐，以为不能吃东西。其实腹泻时还要让孩子吃，只是要吃软的、好消化的食物就不会加重病情，但应注意一次不要吃太多，另外，一旦孩子的胃口逐渐恢复，也不要一次喂食太多。

（五）喂食得当

1. 孩子生病时应少食多餐。一般情况下，孩子生病时，对其的喂食次数应该是平时的两倍。

2. 当孩子生病时胃肠功能减弱，因此应当以一些煮得烂的鸡蛋汤面、大米粥等好消化的清淡食物为主。另外，青菜需切短、煮烂，最好不加入虾、肉等难消化的食物。

3. 可以用一些果汁、酸奶等孩子喜欢的饮品，让其用吸管喝，但一次不能喝得太多。

（六）穿着适当

一般情况下，宝宝生病后，父母习惯于给宝宝增加衣服。其实，这样做是认识上的误区。特别是对于发烧的宝宝，如果捂得过严，很容易引起高热惊厥。因此，家长需要根据环境要求给生病的宝宝适当地增减衣服。

（七）父母要耐心

宝宝生病后，往往很黏人，有的还会出现容易烦躁、生气等现象。父母在遇到这样的情况时，应特别注意给予其更多地关爱，因为这是他们希望家长能帮助他、安慰他、了解他的愿望的信号。对待宝宝的无理取闹，父母要有更大的耐心，细心照顾好他。

（八）宝宝即使是恢复，仍需小心谨慎

生活中发现一些父母在宝宝逐渐好起来，胃口大开，见到什么都想吃时，便给他想吃的东西。但是，如果不加控制予以满足，会使宝宝的胃肠功能一时无法适应，导致病情的反复。因此，在疾病（尤其是肠道疾病）的恢复期，特别需要注意渐进地增加饮食，切勿暴饮暴食。

第四节　发育异常的早期发现

一、婴幼儿运动发育的异常

婴幼儿的运动发育有着一些内在的固定模式，但是，一些婴幼儿如果出现下面的情况，就要引起家长的重视，是宝宝运动发育异常的表现：1. 宝宝表现为经常性手脚"打挺"，"异常用力"地屈曲或伸直。2. 宝宝3个月时颈部仍然软弱无力，不能抬头。由于对声音不敏感或缺乏反应，会被认为是耳聋；眼睛没有注视周围，只关注眼前范围不大的物体；见到亲人时没有什么反应，好像不清楚亲近的关系。3. 4个月时手仍紧握拳，拇指紧贴手心，五个月手臂不能支撑身体。4. 到了7个月仍然不能发"ba、 ma"音；另外，他们胆小，活动少，经常出现受到惊吓的表现。5. 9个月时，孩子还不会翻身，不会坐和爬，不会抓身边的玩具，不会将玩具倒手，不会用拇指、食指对捏小东西，不会发出ba-ba、ma-ma的音节，每天总是躺着，还不会拒绝动作，也没有吃和玩的要求。6. 1岁时，还是不会爬和坐，不会伸出食指，不会用手指人和物，也不会做抠和挖的动作，常常表现出无目的地多动，注意力不能集中，容易烦躁。在半岁到一岁之间，正常的宝贝总喜欢把东西放在嘴里，但随着发育的不断完善，正常的孩子就不再这样，而智力有问题的孩子，这种行为会持续存在到2岁以后。7. 宝宝满1岁以后，除了不会坐、不会爬外，还不会站，并且目光迟滞，全身松软，生活能力差，经常流口水。实际上，正常的孩子到了这个年龄就不会流口水了。8. 走路时经常因为双脚互相碰撞而摔倒，而正常的孩子在会走后不久就不会再出现这种现象。9. 很晚才学会咀嚼食物，因此难以喂养，常常因不能咀嚼固体食物而出现吞咽困难，并由此引发吃东西时经常性的呕吐。10. 正常的宝宝1岁3个月时，就不再故意把东西往地下扔，而心智异常的宝宝这种行为会持续很长时间。

二、婴幼儿语言发育异常

语言发育异常表现为以下几个方面：1. 语言缺乏。指宝宝到一定的年龄阶段还没有获得语言；2. 存在质量差别的语言，宝宝可以发音并且掌握大量词汇，但在用词方法上与正常儿童有差别，不能有效地使用语言进行交流；3. 语言发展迟缓，指宝宝在语言发展阶段，语言发展速度明显易落后于普通儿童；4. 语言发展中断，语言原本正常发展，但是由于脑损伤或听力受损等原因，语言发展出现异常现象，落后于正常的宝宝。

三、婴幼儿适应能力和行为异常

常见的婴幼儿适应能力和行为异常表现为：比如孤独症。孤独症是学前期较为常见而且危害较大的一种心理疾病，它往往伴随着智力落后、缺乏交往技能，而又有其独有特征。比如：社会化障碍，交流障碍，想像障碍。孤独症宝宝的鉴别是一项复杂的工作，但这类宝宝在学前期往往表现出一些行为特征。

孤独症宝宝的主要行为特征有：社会交往障碍，缺乏交会性注意，言语发展迟缓，言语沟通障碍，语言表达怪异，刻板性行为，拒绝变化等。

第五节　婴幼儿意外伤害的预防与处理

一、婴幼儿意外伤害的类型

婴幼儿意外伤害，根据危及生命的严重程度可分为三类：1.一些会迅速危及生命的伤害，比如触电、外伤大出血、气管异物、误食毒物、车祸等，这一类事故必须在现场争分夺秒地进行抢救，避免死亡。2.虽不会迅速致命，但也十分严重，如各种烧烫伤、骨折、毒蛇咬伤、狗咬伤等，如延误处理时间或处理不当，也可造成死亡或终身残疾。3.轻微意外伤害，如擦破皮，烫起小水泡等，简单处理后就可以。

二、婴幼儿意外伤害的预防

（一）跌落预防

有宝宝的家庭，在一楼以上的话，特别要注意窗户上应安装护栏，以保证阳台良好的密闭性。通往阳台的门建议上锁。尽量不能让孩子单独留在阳台。减少宝宝可能爬高及摔倒的因素，比如：沙发和大纸箱子不要放在窗户下，防止孩子攀爬上去，有可能发生危险。不把宝宝独自置于餐桌、床和椅子上等可能导致跌落的地方；保证家具是牢固地靠墙而立，一些带有尖角的家具可能伤害他们。此外，还要减少家庭环境中的危险因素，如卫生间应铺设防滑地砖，保证卫生间、厨房和楼道地面干燥和有充足的照明。特别注意监督宝宝的娱乐活动：如滑板、溜冰等。如果宝宝有严重跌伤，或跌落后行为不正常，立即送去医院治疗。

（二）烧烫伤预防

一般来说，火对于宝宝太有吸引力了，家长应随时不忘对宝宝的监护，切记让宝宝远离火种。厨房是宝宝烧烫伤发生的主要场所，加强对厨房用具和电热用具的管理，在烧饭、烧水时，还要特别留心身边的宝宝；热水瓶放在儿童不易拿到的地方，尤其不能放在宝宝手可够着的桌子上；有热源（热汤、粥、水）的东西在手上时，要阻止宝宝在周围跑动，不能将热锅放在宝宝的身体附近，防止被烫伤。刚使用过的电熨斗应远离宝宝的视线，防止电熨斗底面光亮吸引宝宝用手触摸；任何点火用具不要随便放在桌上，特别是打火机，宝宝会打开或放到口中。

（三）误食预防

宝宝喜欢用口和手探索眼前的新鲜事物，经常会把什么东西都要往嘴里放，为了避免误食，父母必须注意：要教育宝宝不要养成口内含物的习惯；宝宝进食时，不要让宝宝哭闹说话；进食时突发咳嗽，应停止进食。把宝宝容易吸入的小物品放在他拿不到的地方，把宝宝容易误食、误饮的物品放置在他接触不到的地方。

（四）防外伤（摔伤、磕伤、割伤）

宝宝夏天衣服穿得少，在攀爬、跳跃时，活动范围广，会随时导致意外的发生。因此，家长应特别注意防止外伤。家中地面上有水时，应马上擦干，防止滑倒；不要让宝宝独自在床上、桌上蹦跳或爬行；不能让在宝宝没有看护的情况下边玩边喝水；一些尖锐物品（如：笔、飞镖等）特别注意不能让宝宝玩。家庭内的家具应使用安全角，不要因为菱角伤害孩子；选择玩具时，要留意角边是否尖利，以免孩子被割伤扎伤。尽量将宝宝活动的空间弄得空旷些，把地面上那些小的、不易被发现的小东西清理掉，如硬币、针、珠子、纽扣等。

（五）触电预防

家庭内的很多电器，对宝宝都具有潜在的危险，因此，家长还要特别注意预防触电的危险事件。比如高速旋转的风扇非常危险，可是宝宝不清楚，他只是想看看风扇究竟是怎么转起来的，于是危险就有可能发生了；家中的插座最好使用安全插座，有安全盖板的那种，防止宝宝因好奇触摸。家用电器也要放在不宜够到的地方。不让宝宝玩电灯开关，也不要让宝宝拆弄家用电器。不要将电线随意散落在房间里，电线如果有破损的地方，应马上换掉。除此以外，以故事的形式让宝宝明白电的危害一点不亚于"大灰狼"。

（六）预防溺水

溺水是宝宝常见的危险事件，家长应特别留意：不要让宝宝在澡盆、池塘边、小河边玩耍，尤其是不熟悉的地方；不要在没有家长的陪同下，让宝宝去泳池游泳；宝宝不是只有在游泳池才接触到水，公园的池塘、绿地的人工湖、溪流，这样的机会随处可见，父母千万不能掉以轻心。

三、婴幼儿意外伤害的处理

（一）烫伤

发现宝宝烫伤后要立即用冷水冲洗烫伤部位或将烫伤部位浸入冷水中，轻者涂抹牙膏、肥皂水等，以防感染，重者应马上送到医院进行治疗。如果宝宝是穿着衣服鞋袜被烫伤，一定不要直接将衣物脱掉，更切忌用手揉搓烫伤处，而要用剪刀轻轻剪开幼儿烫伤部位的衣物，视烫伤的具体情况用纱布包扎处理后及时送往医院治疗。

（二）食物中毒

宝宝轻微中毒要及时喝些清水，然后催吐。让幼儿张开嘴，可用手指刺激幼儿咽喉部位或用小勺深入到幼儿嘴中并轻微用力压迫其舌根处，引起幼儿发生反射性呕吐，以减少毒素对身体的刺激。之后，应马上送医进行救治，在到达医院前还可服用口服补液盐水，防止脱水。

（三）扭伤

宝宝轻微的扭伤可用冷水浸湿的毛巾或冰块敷于伤处，也可用红花油涂抹于扭伤处。扭伤后不能立即按摩，以防加重损伤，因为按摩只能加重出血，甚至形成血肿。若扭伤严重出现肿胀或淤血时，不可让幼儿走动，要立即将其送往医院治疗。

（四）擦伤

擦伤是宝宝在生活中常见的意外伤害，轻微的擦伤可用消毒棉球蘸低温的肥皂水或生理盐水擦洗伤口周围并清理异物，然后涂抹擦伤药。如果擦伤很浅，表皮比较干净，范围小，只要清洁、消毒、涂红药水或安尔碘即可。如果创面有泥土或污物，可用冷开水或生理盐水冲洗干净，涂紫药水或红药水或安尔碘后，用消毒纱布包扎。若2～3天内局部无红、肿、热、痛等炎症现象，创面会结痂痊愈。如果发现有轻度感染，创面有不少分泌物时，应每天清洗创面，然后涂红霉素软膏，几天以后就会痊愈。对较为严重的伤口经过消毒处理后可用纱布包扎，特别严重者要及时送医院治疗。

（五）跌磕伤

当宝宝发生跌磕伤时，不要随意用手揉患处，可用干净的毛巾浸透冷水或用毛巾包裹冰块敷在受伤的部位，经冷敷后再用湿热的毛巾敷于患处并轻轻按摩，以帮助消肿。

（六）压伤

当宝宝不小心被重物压伤时，可让受伤的宝宝原地静坐或平躺，同时仔细检查被压伤部位的外表状况。若是四肢压伤，可用冷水浸湿或用裹了冰块的毛巾敷于受伤部位。若是胸腹部被挤伤，应将宝宝身体放平，然后及时送往医院进行治疗。

（七）割伤

当宝宝受到切割伤后，若创伤较小的伤口内又无异物时，用创可贴即可；若是金属、玻璃等异物，则需将异物清理干净后对伤口做消毒处理。若伤在腕部等出血较多部位，则应加压包扎，并立即将患儿送往医院治疗。若宝宝的手指被利器割断，要保护好断指，将断指放入容器中连同宝宝一起及时送往医院治疗。

（八）刺伤

用消毒水清洗伤口，用镊子逆着刺物刺入的方向将刺夹住拔出。若刺物太短或已全部刺入宝宝的肌肉中，可采取挤压挑拨法将刺清除，最后用酒精或碘酒对伤口进行消毒处理。

（九）触电

发现宝宝触电时，要立即切断电源，将其安置成卧式，状况严重的要立即进行现场急救，采取人工呼吸或胸外心脏按压法进行辅助抢救，并马上送往医院进行救治。

（十）骨折

婴幼儿关节脱位明显比成人多，一旦发现骨折，要立即送往医院救治。在急救处理前不可用手揉搓骨折处，发现受伤处流血应采取止血措施。为使骨折处得以固定，可在骨折部位用宽绷带和木板等把骨折处的关节暂时固定住。发生骨折后要尽早复位，愈早愈容易复位，不掌握方法不要随意牵拉，应由专业医师诊治。

（十一）异物伤害

当婴幼儿误将异物放入嘴中不慎被噎住或呛住气管时，家长要立即将婴幼儿的身体前倾，同时轻轻拍打婴幼儿的肩胛部位，或用手指深入婴幼儿口腔后部的位置刺激催吐，并及时将婴幼儿送往医院治疗。若遇婴幼儿被鱼刺卡住，可用勺子等器具轻压婴幼儿的舌头，然后用镊子深入咽喉部将鱼刺慢慢夹出。若无法将鱼刺取出时，要及时送往医院。

第三编

0~3 岁婴幼儿的教养要点与亲子游戏

第一章
0～1岁婴儿的教养要点

　　婴儿的发展是遗传特质、环境、教育等多方面因素共同作用的结果。家庭是婴儿最重要的成长环境，家长是婴儿最重要的抚养者，也是婴儿的第一任教师。0～1岁婴儿的发展速度很快，可谓日新月异。因此，家长要创造良好的教养环境，悉心照料婴儿，根据婴儿的发展特点与需求，给予及时、适宜的教育。以下从动作、情感与社会性、智力、语言等方面为家长提供0～1岁婴儿的教养要点，并辅以相应的亲子游戏，希望能为家长提供一些帮助和启示，让婴儿能够健康、快乐地度过每一天。

第一节　0～1岁婴儿的健康教养要点

　　对0～1岁婴儿的健康教养主要体现在对婴儿的动作教育。0～1岁婴儿的动作发展很快，第一年末大部分婴儿已掌握了各种运动的基本动作。大动作的发育具有一定的规律性，运动功能是从头端向足端发展，协调运动先出现于最近躯干的肌肉群，而后发展到四肢末端，抓握、站起、往前走等正性动作先于放开、坐下、停步等相反动作。周岁以内小儿大动作的发育可大致概括为：二抬、三翻、六坐、七滚、八爬、九扶立、周会走。精细动作的发育大致如此：2个月时两手握拳的紧张度逐渐降低，有时会主动把手伸进口中；4个月时，能尝试主动去抓桌上放置的玩具；5~8 个月时手眼协调能力建立起来，5 个月会单手抓，6 个月时能双手轮流抓，用拇指和其余四指取东西；9 个月，能捏起小物品；12 个月时，可以涂鸦、翻书。以下介绍以婴儿大动作的教养为主脉络，辅以精细动作的练习。

一、帮婴儿练习抬头、翻身、坐等基本动作

2 个月时，宝宝在俯卧训练的基础上，可以稍稍抬起头，但时间比较短暂。妈妈可以用色彩鲜艳或有声响的玩具在宝宝身旁摇动，他会随着声音，不断地追视发出响声的地方，努力地抬头。2~3 个月，宝宝能俯卧抬头 45 度后，家长可以把玩具从宝宝的眼前慢慢移动，让他自由旋转头部。养育要点：一是家长尽量多地与宝宝说话、唱歌、逗乐，让宝宝醒的时候处在快乐中，在不同方位用不同的声音训练宝宝的听觉；二是家长可以让宝宝每天俯卧片刻；三是悬吊鲜艳、能动的玩具，给宝宝触摸、抓握、追视。

2~3 个月的宝宝逐渐能从仰卧位变为侧卧位，家长可以对宝宝进行翻身练习，锻炼宝宝的身体机能。养育要求：发展感觉动作技能，引导宝宝用手去拿东西、听到声音准确转动眼睛和身体；给宝宝做翻身操，锻炼宝宝脊柱的肌肉，帮助宝宝学习翻身。妈妈可故意躲在宝宝一侧叫他，当他想看妈妈时，就会不知不觉地翻过身来。母亲也可以用手轻轻搬动孩子的腿帮助他翻身，也可以采用被单翻身。

图 1-24　在妈妈身边真安全。

宝宝在能够自由翻身的基础上，5 个月时可以开始学习坐。养育要点：通过游戏法或训练法让孩子练习坐；通过游戏、玩具引导宝宝练习抓握，锻炼手眼协调能力。可以采用引拉练习法和扶按

练习法。前者是让宝宝仰卧在床上，大人面对面用双手拉其胳膊，拉至坐姿后，将其扶直，稍坐片刻后，再帮助仰卧床上。后者是大人双手扶住宝宝的腰部或腋下，扶成站姿，两腿成45度角分开，然后双手扶腰，将宝宝身体向下推成坐姿，片刻再扶起。还可用细绳将能够发出悦耳响声的玩具或色彩鲜艳的彩球，挂在孩子前上方逗引孩子，让其主动抬头、挺胸、直腰看或抓玩具。宝宝能够只身独坐后，大人应将玩具在孩子的左右侧或前后方摆动，逗引孩子扭身抓、碰玩具。玩具移动的速度不宜过快，以孩子扭身用手能够碰到为宜。孩子开始坐的时间不要太长，习惯以后慢慢延长时间。

二、帮婴儿练习爬行、站立、行走等基本动作

7个月时可以让宝宝练习爬行。爬行，是人一生中手脚等各个身体器官最先综合协调发展的动作。爬行时婴儿必须用四肢支撑身体的重量，就会使手、脚及胸腹背部、四肢的肌肉得到锻炼，逐渐发达，为站立和行走打下基础，还能促进婴儿探索的欲望、良好性格的发展和大脑的发育。养育要点：通过上下肢练习和游戏促进婴儿爬行能力的发展；让孩子练习抓、捏精细物品；给婴儿创造安全、卫生的生活环境和游戏环境。训练宝宝爬行能力之前，要注意宝宝上下肢动作的练习。上肢练习包括单臂支撑练习和双手交叉练习，下肢练习包括跪练习和两腿交叉练习。宝宝爬行能力的锻炼可通过如下方法进行：将家里的小席子卷成圆状（席子有弹性，方便展开），让宝宝趴在席子上，将席子一边压在身下。妈妈推动席子，让宝宝随着席子的展开而朝前爬。也可以让宝宝在地上或床上爬，一位家长在前面牵宝宝的右手，另一位家长在后面推宝宝的左脚，帮助宝宝练习爬行。爬行时也要锻炼手的精细动作。手的发展很大程度上代表了智慧的增长，家长可以让宝宝玩各种玩具，促进手的动作从被动到主动，由不准确到准确。

　　8~9个月的宝宝能扶腕站立时，家长可对宝宝进行站立训练。养育要点：循序渐进，不要对宝宝过早过多训练站立。宝宝能够站起来需要下肢有一定的支撑力，所以应先锻炼孩子腿部的力量。妈妈可以把双手放在孩子腋下，帮助他站直且有节奏地蹦跳，同时用语言鼓励孩子。常做这种运动可以增加孩子腿和膝盖的力量，用不了多久，他就可以自己站起来了。训

图1-25　宝宝高兴地说，爸爸回来了

练要循序渐进：先让孩子两手扶站，之后一手扶站，一手拿玩具；之后再练习独站。

　　10个月以后，婴儿在会站立的基础上，可以学习行走。养育要点：根据婴儿身体发育特点适时进行，不宜过早进行；应注意环境安全，要选择活动范围大、地面平、没有障碍物的地方学步。当步子迈得比较稳时，父母可拉住宝宝的双手或单手让他学迈步，也可在宝宝的后方扶住腋下或用毛巾拉着，让他向前走。锻炼一段时间后，宝宝慢慢就能开始独立地尝试。父母可站在宝宝面前，鼓励他向前走。初次，宝宝可能会步态蹒跚，向前倾着，跌跌撞撞扑向家长的怀中，收不住脚，这是很正常的表现。因为重心还没有掌握好，

图1-26　这是啥东西呀？我咋没见过。

这时父母要继续帮助他练习，让他大胆地走第二次、第三次。渐渐地熟能生巧，会越走越稳，越走越远，用不了多长时间，就能独立行走了。1岁多时可以走得比较稳。

三、辅助音乐，带领婴儿做主动操、被动操

身体锻炼对于宝宝的生长发育有重要的影响。6个月以前的宝宝，由于运动机能差，不能独立进行活动，家长可以通过被动健身操帮助宝宝进行身体各部分的活动；6~8个月的宝宝除做被动体操外，还可以做主动体操。养育要点：做操时室温应保持在18~20℃，宝宝应该尽可能穿单衣。做操人的手应温暖，动作要轻柔而有节奏，并辅助轻柔的音乐让宝宝感受做操的快乐。做操一般可安排在喂奶前半个小时或喂奶后1小时。每天可做1~2次，随着宝宝月龄的增长可逐渐增加活动强度。

（一）被动操

第一节，胸部运动。两臂置于体侧，两臂胸前交叉，然后两臂左右分开，还原；

第二节，上肢肩部和胸部运动。两臂左右分开，掌心向上，两臂向前方平举，掌心相对；两臂上举，掌心向上，还原；

第三节，上肢屈伸运动。弯曲婴儿左肘，左手触肩，还原；同法练习右肘；

第四节，肩部运动。将左臂拉向胸前再向外侧绕环；同法练习右臂；

第五节，下肢运动。仰卧，腿伸直，两手握婴儿脚踝，将两腿同时屈缩至腹部，然后还原；

第六节，两腿轮流伸屈。让婴儿左腿屈缩至腹部，还原，同法练习右腿；

第七节，两腿伸直上举。仰卧、腿伸直。两手握婴儿膝部，将两腿上举与腹部成直角，还原；

第八节，股关节活动。将左侧大腿与小腿屈缩成直角，再屈缩至腰部后，向身外移动，还原。两腿轮换做。开始做1~3节左右，逐渐增加节数。

（二）主动操例

第一节，起坐运动。将宝宝双臂拉向胸前；轻轻拉引宝宝使其背部离开床面，拉时不要用力过猛；让宝宝自己用劲儿坐起来。

第二节，起立运动。让宝宝俯卧，家长双手握其肘部，让宝宝先跪坐着，再扶宝宝站起，最后让宝宝由跪坐至俯卧。此外，还可逐步增加踢腿、弯腰、托腰、游泳、跳跃、扶走运动等不同的操节。

四、婴儿的户外锻炼

充分利用自然界的空气、阳光和水，对婴儿进行体格锻炼，不仅可以增进血液循环，促进新陈代谢，预防佝偻病，而且可增加机体对外界环境的适应能力。养育要点：其一，选择良好的户外锻炼地点和出行方式，带宝宝外出锻炼。如果在农村居住，村内村边，田野地头，都是户外锻炼的好地点；如果在城镇居住，小区活动场所、离家比较近的公园、郊外都是不错的选择。最好抱着宝宝出行，一则可以增进亲子感情，二则可以更好地保障宝宝的安全。如果在城区居住，让宝宝坐在婴儿车里推行，宝宝容易吸入铅等有毒物质，因为汽车尾气中的铅一般分布在地面上方1 米左右的地带。其二，合理安排户外锻炼时间。从第 4 个月开始，可以适当增加宝宝户外锻炼的时间，每天可控制在 3 个小时左右。无论是用婴儿车，还是抱着宝宝散步，都应根据天气情况，不要让宝宝太热或着凉。夏季出去的时间应在上午 8：00 ~ 10：00 左右，下午应在 4：00 ~ 5：30 左右（可根据每个地区的具体情况而定）。居住在我国中部和南部的家庭，即使在寒冷的季节，只要不刮大风，家长在充分保护好宝宝手脚和耳朵的前提下，选择较暖和的时间进行户外锻炼。其三，注意宝宝衣着，及时补充水分。户外活动时衣着不宜过多，有的妈妈或爸爸总担心宝宝受凉，每次外出时给宝宝穿上厚衣服，戴上帽子、口罩、围巾等，全身捂得严严实实。这样做的结果会使宝宝的身体无法接触空气和阳光，如果宝宝变得弱不禁风，反而容易受凉生病，达不到户外锻炼的目的。外出活动还要及时给孩子补充水分，最好是温开水。因为宝宝的体重70%是水分，并且新陈代谢很快，如果不及时补充水分，宝宝流汗过多，容易脱水。另外，注意不要让阳光直接照到（射）宝宝的眼睛，也不要让强光直接照射宝宝的皮肤，带宝宝到室外阴凉地方时，应该给宝宝戴上帽子。春季

图1-27 爸爸让我坐进车里，就是要带我去广场了。

和秋季也应注意不要让太阳光长时间晒到宝宝的皮肤。

五、亲子游戏

（一）煎煎饼

游戏目标：练习仰卧位变成侧卧位的翻身动作。

游戏准备：被单一条。

游戏玩法：

第一节：将宝宝仰卧放在被单上，家长抓住被单的两角。

第二节：家长轮流朝左右方向拉高或放低被单，边念"来来来，煎煎饼，煎饼圆，煎饼香，煎个煎饼脆又

图1-28 妈妈的衣服真漂亮！

香"，让宝宝在被单里滚来滚去，体验侧身的要领。

温馨提示：

此游戏适合2~3个月的宝宝。

宝宝喝完奶半小时以后再开始。

（二）雪花飘

游戏目标：发展宝宝手部的抓握能力。

游戏准备：将彩纸剪碎当做雪花放在盒子里，坐垫一块。

游戏玩法：

1．准备一块坐垫，把宝宝抱到坐垫上，将装有"雪花"的盒子放在他的面前。

2．家长抓住一些"雪花"握在手里，手心朝下，然后让它飘落下来并配合语言："雪花纷纷下，飘落到我家。"

3．鼓励宝宝同样抓一把"雪花"，伸出手臂，然后放开小手，让它飘落。

4．如此反复，不断抓握再放开。

温馨提示：

此游戏适合6~7个月的宝宝。

游戏时，家长要一手保护着宝宝，一手与宝宝游戏。

家长可以引导宝宝撕"雪花"。

（三）钻山洞捉小熊

游戏目标：发展宝宝爬行的能力。

游戏准备：软枕头四个，绒布小熊一只。

游戏玩法：

1．用三个软枕头布置成小山洞，一个软枕头当障碍物放置在山洞后面，障碍物后面再放绒布小熊。

2．家长用宝宝喜爱的绒布小熊逗引宝宝向前爬行。宝宝交替使用胳膊和腿，左胳膊伸出去，左手着地的同时右腿也往前移动，然后右

图1-29　我在和小熊做游戏哩！

胳膊往前伸，右手着地的同时左腿再往前移动。

3. 注意宝宝在越过障碍物时的方式，帮助宝宝学会抬腿转回身体。

4. 宝宝翻过障碍物捉到绒布小熊后，把宝宝抱起亲吻鼓励。

温馨提示：

此游戏适合9个月的宝宝。

可根据宝宝的能力增减障碍物。

第二节　0~1岁婴儿的情感与社会性教养要点

从出生时起，婴儿就是一个社会的人，婴儿就被包围在各种社会物体、社会刺激之中，形成和发展着人的情绪情感、社会行为和社会关系等。从一出生，婴儿的"感情生活"就丰富多彩，已具备惊奇、伤心、厌恶、最初的微笑等情绪。随着婴儿发展，在成熟和后天环境的作用下，婴儿的情绪不断变化、发展。婴儿在5~6周时，出现对人的特别的兴趣和微笑，即社会性微笑；3~4个月时，婴儿出现愤怒、悲伤；6~8个月时，婴儿出现对最熟悉、亲近者的依恋，并随之产生对陌生人的焦虑及分离焦虑等；1岁前，婴儿也表现出对其他人，尤其是年龄大一些的儿童的兴趣。对于0~1岁的宝宝来说，最重要的是让他们经常处于积极的情绪状态，与家人形成良好的依恋关系，并初步形成对其他人的交往兴趣。

一、让婴儿经常处于积极的情绪状态

法国心理学家约翰·格特曼认为：注重从情绪情感方面关心婴儿，对孩子以后的成功和幸福有着很大的影响。婴儿处于积极的情绪状态，对他们的身体和脑的发育、良好性格的形成具有重要的作用。养育要点：从生理、心理方面用心呵护宝宝，让宝宝保持积极情绪。引导宝宝通过与人交往，对事物和周围环境的探

索形成积极兴趣，经常处于愉快情绪。

3个月前的宝宝，吃饱喝足睡好、穿衣舒适，时常能在梦乡中自发地咧嘴微笑。家长对宝宝饥饿、口渴、温度等需求的及时满足与悉心照料能让孩子更多处于愉悦情绪。家长尤其是母亲在照料、哺喂宝宝时，亲切、柔和地逗引宝宝，抚摸宝宝的身体，搂抱、亲吻宝宝，面对面与宝宝说笑逗乐，唱歌给宝宝听，使宝宝在得到照料的同时，享受母亲、亲人对他的爱与深情，感受家庭的温暖，体验愉快的情绪。

家长也要创设条件，多带孩子到户外、到大自然中去活动；多带宝宝与小朋友和其他亲戚、朋友接触，感受与人交往的快乐。大自然是生命之源，快乐之源，大自然的一草一木，昆虫生灵，对宝宝来说具有很大的吸引力，能让他们饶有兴趣、全神贯注地看、听、触摸，既能让宝宝处于积极的情绪状态，还能有力促进他们的认知发展。与他人，尤其是年龄稍大的小朋友的交往，宝宝在

图1-30 祝妈妈生日快乐！

追随、旁观小朋友游戏活动的过程中，或者受到他人和小朋友的逗引时，能够让宝宝好奇、惊奇、兴趣十足，甚至非常兴奋。在此基础上，还要促进宝宝积极情绪的进一步深入发展，以形成积极的社会性情绪。例如，当宝宝成功做到某件事情时，比如自己喝水、自己吃饼干、帮家人扔垃圾时，家人要大力地表扬他，帮助宝宝增强自豪感。

二、减少婴儿的恐惧、焦虑等负性情绪

1岁前的宝宝哭闹时，很大程度上是因为生理需要得不到满足，或者身体不适。随着月龄的增长，宝宝哭泣与心理性因素的关联更密切，可能是因为怕生、行为受挫、陌生人焦虑、分离焦

虑等。适度的负性情绪是宝宝呼唤父母照顾、关心的重要途径，成人父母应该有针对性地缓解宝宝的负性情绪。养育要点：积极回应宝宝的哭声，减缓宝宝的消极情绪；克服认生，减少宝宝对陌生人的焦虑；让宝宝逐渐理解爸爸、妈妈离开还会回来，减轻分离焦虑。

1岁前的宝宝常常用哭声表达身体的不适或一些需求，家长应予以积极回应。婴儿的哭在生理上代表饥饿、病痛、身体不舒服；在心理上代表挫折、害怕、悲伤、不满、需要关心与注意等，家长应细心观察宝宝哭声所传达的信号，理解哭的原因，并做出积极的回应，让宝宝充分享受亲情，使宝宝对母亲或亲人产生信任感和安全感。当然，家长要理性看待宝宝的发脾气、哭闹，不要急于妥协，也不要用吼叫、威胁的方式强迫宝宝听话，而是先接受、安抚宝宝的情绪，让宝宝在宣泄负性情绪的过程中学习调控、处理自己的负性情绪。

在婴儿的负性情绪中，有两种是尤其值得注意的。一是陌生人焦虑，一般在婴儿6-8个月时发生。在亲人养育宝宝的过程中，他们逐渐更加喜欢跟家人呆在一起，看到陌生人来到身边，或者伸出手要抱抱他，宝宝可能会退缩、恐惧，甚至大哭起来。为此，家长可经常抱宝宝同亲朋好友说话，在宝宝许可时拉着宝宝的手与他们握手；经常带宝宝到社区里玩，允许社区里熟悉的人逗引宝宝，甚至让他们抱一抱。让宝宝多接触他人，使宝宝习惯与其他人相处，以减少陌生人焦虑情绪。二是分离焦虑，一般在婴儿6-7个月时产生。随着婴儿与照料者，主要是母亲情感联结的进一步建立，婴儿出现了分离焦虑，即婴儿与亲人分离时，会表现出伤心、痛苦，拒绝分离。比如，一个8个月的孩子正坐在房间里玩玩具，看见妈妈走出去，随着妈妈身影的消失，他大哭起来。针对这种情况，一方面，要培养宝宝对其他亲人或照料者的情感联结，多带孩子与成人、小伙伴相处，分散孩子对父母过于强烈的情感联结；另一方面，要通过游戏、语言等方式让宝宝知道，父母的离开只是暂时的，父母还会回来的，对宝宝的爱是持续不变的。

三、让婴儿形成安全型依恋

依恋是婴儿与主要抚养者（通常是母亲）之间最初的社会性联结，也是情感社会化的重要标志。在婴儿与主要抚养者，通常是母亲的最亲近、最密切的接触与感情交流中，逐渐建立起一种特殊的社会性情感联结，即对母亲产生依恋。依恋对婴儿整个心理的发展具有重大作用。婴儿是否形成依恋及其依恋性质如何，直接影响着其情绪情感、社会性行为、性格特征和与人交往的基本态度。养育要点：关爱宝宝，敏感捕捉宝宝的需要，并及时作出反应。

依恋是婴儿与在母亲的相互交往和感情交流中逐渐形成的。从6～7个月起，婴儿对母亲的存在更加关切，特别愿意与母亲在一起，与母亲在一起时特别高兴，而当母亲离开时则哭喊不让离开，别人不能替代母亲使婴儿快乐。而当母亲回来时，婴儿则能马上显得十分高兴。同时，只要母亲在他身边，婴儿就能安心地玩、探索周围环境，好像母亲是他的安全保护人。如果婴儿有上述表现，就表明他形成了安全型的依恋。

婴儿能否形成安全型依恋与母亲对婴儿所发出信号的敏感性和其对婴儿的关心程度最为密切。如果母亲能非常关心婴儿所处的状态，注意听取婴儿的信号，并能正确地理解，做出及时、恰当、抚爱的反应，婴儿就能发展起对母亲的信任和亲近，形成安全型依恋。反之，如果母亲对婴儿的需求不敏感，对婴儿的态度粗暴、冷漠，或反复无常，婴儿则可能形成回避型依恋或反抗型依恋。为人父母者一定要认识到依恋对于婴儿，甚至对于孩子一生良好性格的形成、社会交往的方式与社会关系的性质等的重要影响，在此基础上，通过对宝宝的关爱，敏感捕捉宝宝需求，给予宝宝及时、积极的回应，让宝宝与亲人之间形成安全型依恋。

四、创造机会促进宝宝多交往

婴儿天然喜欢与人交往，但随着月龄的增加，6~8月的婴儿因与照料者形成了亲密的情感联结，产生对其他成人的焦虑情绪。6~8个月的婴儿之间通常也互不理睬，只有短暂的接触，如看一看、笑一笑或抓抓同伴。刘易斯、罗森伯勒姆（Lewis & Rosenblum, 1975）和李（Lee, 1973）等人研究发现，在第一年，婴儿大部分的社交行为是单方面发起的，一个婴儿的社交行为往往不能引发另一个婴儿的反应。李观察了6–10个月婴儿的行为表现，发现60%的被试的社交行为都属于这种情况。然而，单方面的社交是社交的第一步，当一个婴儿的社交行为成功地引发了另一个婴儿反应时，就产生了婴儿之间简单的相互影响。基于同伴关系、交往活动对婴儿积极情绪形成和交往能力发展的重要作用，父母在悉心照顾宝宝的过程中，还要创造机会，增加婴儿与其他宝宝接触的机会。养育要点：以父母的安全港湾为基础，扩大孩子的交往机会和范围。

家长可让宝宝多和周围的婴儿接触，鼓励宝宝积极主动用点头"谢谢"、招手"再见"、拍手"欢迎"等动作与他们交流，经常和他们玩游戏、一起爬、一起学走路。婴儿自己在进行独立活动的同时，也会通过对周围环境的注意来取得同伴的信息，并且由于观察或模仿同伴的行为，婴儿之间有了直接的相互影响和接触，简单的社会交往由此产生。家长可创造条件让宝宝有机会接触稍大的孩子，鼓励宝宝用微笑、发声、玩玩具、身体接触（如抚摸、轻拍、推拉）等方式与他们玩，鼓励宝宝模仿他们的动作、语言，并对他们的言行作出反应。

五、亲子游戏

（一）躲猫猫

游戏目标：通过视觉、听觉测试，感受存在与消失的不同。

克服焦虑、恐惧心理，引导婴儿心理的健康发展。

游戏准备：毛巾或手帕一个。

游戏玩法：1. 婴儿躺下，家人将手帕盖住婴儿的脸，配合口令一二三，拉开手帕，然后对着婴儿做表情：嘿！看到了！2. 亲子面对面坐着，可以让父母的朋友或熟人用手帕盖住自己的脸，然后瞬间移开手帕，并对着婴儿说：嘿！3. 家长朋友双手将婴儿的脸遮住，配合数数一到十，当数到十的时候，迅速移开双手，同时大声喊：嘿！

（二）挥手"再见"

游戏目标：理解交往语言，训练交往的动作。

游戏准备：选择宝宝精神状态好的时候进行引导。

游戏玩法：1. 爸爸和宝宝准备去公园或小区玩。

2. 妈妈送到门外说：再见！爸爸扶着宝宝的手做挥手动作，跟妈妈说：再见。

3. 每天的户外活动时间，爸爸主动抱宝宝找小伙伴玩，要回家时，爸爸提醒宝宝做挥手"再见"动作。

图1-33　宝宝玩得真开心。

4. 当家人要外出或客人要离开时，抱宝宝送到门外，配合儿歌"送客人，有礼貌，说再见，走走好"，做挥手"再见"动作。

第三节　0~1岁婴儿的智力开发教养要点

0~1岁婴儿在动作发展的基础上，活动范围不断扩大，此期间智力开发的要点在于创设条件，促进宝宝感知觉、自我认识和智慧的发展。新生儿出生后就有视、听、嗅觉等，这些是婴儿探索世界的第一步，在此基础上通过与人、周围环境的相互作用，婴儿的感知觉逐渐丰富、深刻起来，活动的目的性更为鲜明，在1岁左右甚至有了初步的自我认识，这些是儿童各种心理活动产生和发展的基础，也是婴儿智慧的最初体现。

一、创设视听环境，促进宝宝听觉、视觉的发展

婴儿最初主要是通过视觉、听觉来获得信息、感知世界。在婴儿成长的过程中，视听觉是获取信息的主渠道。婴儿的视觉器官在胎儿时期已基本上发育成熟（13~16周胎儿的眼睛能对光做出反应），听觉器官在胚胎5个月时已发育完全，因而婴儿已具备一定的视听能力。养育要点：创设丰富的视听环境，促进宝宝视觉、听觉的发展；培养宝宝视—听的协调能力。

新生儿已具备了一定的视觉能力，获得基本视觉的过程。例如：在出生三天的新生儿中，就可普遍地观察到他们的视线集中在某物体上，如母亲的面孔上。但是婴儿的视觉系统仍处于逐渐成熟的过程中，如视觉神经的髓鞘化尚在继续之中，眼睛区分对象形状和大小等微小细节的能力，也即视敏度还不足，但发展迅速。新生儿视敏度为 6/60 至 6/120 之间，即能在 6 米处看见正常成人在 60 米或 120 米处看见的东西；到 5~6 个月时，即可达到 6/6 的水平，相当于对数视力表的 5.0，即正常成人的水平。可见，出生前半年是宝宝视力发展的关键期。听觉方面，婴儿很早就能辨别不同人的声音。10~12 天的新生儿的脸会转向母亲，对母亲的声音比较敏感和偏爱；偏好轻柔、旋律优美，节奏鲜明的音乐曲调。视听协调方面，刚出生的婴儿就有最基本的视听协调能力，3~6 个月婴儿的视听协调能力已发展到能使他判别视听信息是否一致的水平。

为了促进宝宝视觉、听觉的发展，家长既可通过图片、物品或会响的玩具促进其视觉或听觉的发展，也可创造条件，促进视听协调发展。家长可在宝宝的上方挂些彩色的花环、气球等物品，或者是能发出响声的、色彩鲜艳的风铃等，吸引宝宝兴趣，

使宝宝的视力集中到这些物品上。0～1个月时，可在距宝宝眼睛20～25cm处摇动彩色带响声的玩具或展示对比强烈的图案，吸引宝宝注视玩具或图形。1～2个月时，可将各种发声体呈现在宝宝的视野内，宝宝注意到后再慢慢移开，让宝宝追声寻物。3个月左右，注重关注宝宝视线转移能力的发展，在宝宝觉醒时多引导其看周围的人和物，在宝宝注视一个物体或人脸时，迅速移开，用声音或动作吸引宝宝转移视线，从一个人或物转移到另一个人或物上，还应经常带宝宝到户外观察活动的物体。4个月后，家长应注意培养宝宝寻找目标和声源的能力。家长可制造一些声响引导宝宝转头寻找声源，如家长站在宝宝一侧，摇动带声响的玩具。可带着宝宝指认生活中常见的物品，当家长说出物品名称后，用动作和声音引导宝宝用视线寻找或扶着宝宝的手去指、触摸，鼓励宝宝听到物品名称后，不但用眼睛看，而且自己用手去指，促进手、眼、脑的协调发展。随着月龄的增大，宝宝不仅能认识一些静态的物品和人，而且可以慢慢感知一些动态的动作，例如开门、关门、吃饭、喝水等。视、听觉能力的发展主要是在认识各种事物和人的过程中培养的，寻找物品和声源的活动可以持续进行，随着年龄的增大加大寻找难度，家长要有意识地引导宝宝感知周围熟悉的事物，尽快熟悉与适应生活环境。家长还应注意家居环境装饰美和家庭音乐熏陶，如在宝宝玩的时候可以播放一些

图1-34 宝宝看猴戏。

与游戏相匹配的音乐或者儿童歌曲，在宝宝入睡或静息的时候播放一些柔和的经典音乐。

二、创造条件，发展宝宝味觉、嗅觉和触觉

味觉是新生儿出生时最发达的感觉，是选择食物的重要手

段，对宝宝的生存意义重大。新生儿能以面部表情和身体活动等方式对甜、酸、苦、咸4种基本味道作出反应，说明他们已经具备了对食物味道的辨别能力。嗅觉功能在婴儿出生24小时就有表现，出生一周能够辨别不同气味，并能形成嗅觉的习惯化和嗅觉适应，且表现出对母体气味的偏爱。养育要点：家长要创造条件，让宝宝多闻、多尝，感知物质世界的丰富与奇妙。例如，家长可以拿醋、牙膏、牛奶、水果等物品让宝宝去闻，到大自然中让宝宝闻闻青草、树叶、花的味道；让宝宝尝尝糖、盐、醋和各种菜汁的味

图1-35 这西瓜真甜呀!

道，发展宝宝的味觉和嗅觉，这是日后孩子心理行为和人格的健康发展中不可缺少的"感知觉"教育内容。

　　触觉是人体发展最早、最基本的感觉，也是人体分布最广、最复杂的感觉系统。触觉是新生宝宝认识世界的主要方式，通过多元的触觉探索，有助于促进宝宝动作及认知的发展。养育要点：家人抚摸、拥抱、亲吻宝宝是促进其触觉发展，增进亲子关系的重要途径；提供多种刺激、通过多种活动促进宝宝通过手、脚、口等感触世界。在宝宝出生后，其触觉发展会逐渐扩展。0~2个月大时，宝宝的触觉发展主要以反射动作为主，这些反应都是为了觅食或自我保护。3~5个月大时，宝宝可以将反射动作加以整合，利用嘴巴与手去探索，并感受到各种触觉的不同，开始懂得做简单的辨别。6~9个月大时，宝宝的触觉发展已经遍及全身，会用身体各个部位去感受刺激、探索环境。10个月大之后，宝宝的触觉定位越来越清晰，开始分辨出所接触的不同材质。要根据宝宝触觉发展的特点有针对性地进行教养。新生儿由母亲子宫来到一个全新的世界，难免会有恐惧、不适，要多将宝宝拥在怀中，让他感受温暖的肌肤接触、聆听熟悉的心脏跳动，

从而降低适应新环境的焦虑。随着月龄的增长，宝宝会经常把东西放在嘴里咬一咬，看到新奇的物品都想摸一摸，家长可以给宝宝不同材质、卫生安全的玩具玩，让宝宝接触多种材质的衣服、布料、寝具等，用不同材质的毛巾给宝宝洗澡，丰富宝宝的触觉经验。宝宝6个月会爬以后，可以让他在土地、沙地、地毯上、地板上、床上等不同材质的平面上练习爬行，丰富的触觉刺激不仅可以使宝宝获得更多的触觉经验，还会在宝宝整理、分析所受刺激的过程中，促进脑部发育。也要多带宝宝到大自然中，接触一般家庭环境所缺乏的，如草地、沙地、植物等，这对宝宝触觉发展大有帮助。

三、循序渐进，发展宝宝的平衡觉和空间知觉

平衡觉与日常生活息息相关，不论行站坐卧、吃饭洗澡、读书写字，都离不开平衡觉的发展。前庭器官主要控制人的重力感觉和平衡感觉、判断身体与环境的关系、控制身体的平衡，从而使人能够做出各种协调的动作和快速高效的动作计划。前庭感觉统合还负责管理注意力、情绪、方位感、距离感、物体感等与学习能力有关的能力的发展。因而，家长在刺激前庭器官、促进宝宝平衡觉发展的同时，还能促进宝宝注意力、情绪和其他感知能力的发展。养育要点：循序渐进，通过亲子游戏促进宝宝平衡觉的发展。3个月前，家长抱宝宝时可亲一亲、摇一摇宝宝（或选用摇篮）。4～6个月可玩"忽上忽下"的游戏，将宝宝以水平的方式抱起，并且慢慢地上下移动，让宝宝感受上下不同的空间感，之后再改换一手托住宝宝的臀，另一手托住宝宝后脑勺和头部的方式（即坐姿）平顺地上下移动，时高时低。7～9个月时可玩"颠倒乾坤"的游戏，一手托住宝宝的臀，另一手托住宝宝的头颈部，使其呈现水平仰躺着，之后再慢慢地让宝宝的脚朝上头朝下、头朝上脚朝下，使其有头脚位置的变化。10～12个月时可玩"天旋地转"的游戏，让宝宝俯下趴在被单上，接着拉起头部

方向的被角，然后慢慢地将被单沿顺时针方向转1~3圈，稍作停留后，接着再逆时针转1~3圈，促进宝宝平衡觉的发展。

空间知觉是反映事物的形状、大小、远近、方位等空间特性的知觉，它在人的认识活动中具有重要作用，因为人是通过空间知觉过程获得对事物的感性认识，再经思维加工达到对事物的本质和规律的认识的。养育要点：让婴儿通过看、摸、动等活动，在头脑中建立视觉、触摸觉和运动觉之间的联系以培养宝宝的空间知觉。空间知觉的培养要循序渐进。要为婴儿创造丰富的视、听、触觉刺激，不断丰富宝宝的感知经验，在此基础上形成对事物形状、大小等特性

图1-36　姐姐陪我看动画片。

的认识和事物之间关系如远近、方位等认识。要根据婴儿空间知觉发展特点进行培养。宝宝大约在3个月时具备了分辨简单形状的能力，能初步将物体同背景区分开来；6个月开始用手摆弄物体，出现手眼协调运动，这时就出现了由各种感官参加对事物整体进行分析综合的知觉活动，对大小变化有反应，部分婴儿已具备一定的深度知觉。到八九个月时宝宝的整体知觉更明显，当家长给婴儿两个大小不同的苹果时，孩子挑大的而不拣小的，说明这时婴儿对整体形状的大小有了明显的反应。1岁前家长还可在生活中有意识地引导宝宝关注物体的特点与变化，学习分辨和指认熟悉的人、物、地点。

四、感知五官，发展宝宝初步的自我认知

自我认知是指婴儿认为自己是区别于他人和物体的独立个体，是个体与他人在互动的过程中形成的关于"我是谁"的概念，是个体对自己的生理、心理、社会等方面的认识。1岁前的

宝宝还没有真正的自我认知，可通过游戏等让宝宝初步认识五官，逐步认识自己和他人是不同的人。婴儿要到 1 岁半以后才能形成真正的自我意识。养育要点：让婴儿认识家庭不同的人，爸爸、妈妈和宝宝等，初步了解自己与他人是不同的人，有自己的名字；让婴儿通过游戏逐步认识自己的感官，形成对自己是谁、自己特点的初步认识。

在家庭和日常生活中，要经常告诉孩子家庭成员以及周围人的称谓，让宝宝逐步知道他人的存在；还要告诉孩子物品、事物和周围环境的名称，让他知道外部世界的存在，并从中逐步弄清楚宝宝、他人和外部环境都是独立的存在。在此基础上，可通过游戏让宝宝进一步深入认识自己，如认识五官。让家长与婴儿对坐，先指住自己的鼻子说"鼻子"，然后把住婴儿的小手指他的鼻子说"鼻子"。每天重复 1~2 次，经过 7~10 天的训练，当家长再说"鼻子"时，宝宝会用小手指自己的鼻子，这时大人应赞许、亲亲他。家长用游戏的方法教宝宝认识身体的各个部位，让宝宝看着娃娃或他人，如让宝宝用手指着娃娃的眼睛，家长说："这是眼睛，宝宝的眼睛呢？"家长帮他指自己的眼睛，逐渐宝宝会独立指自己的眼睛。

五、深入培养，促进宝宝智慧的发展

1 岁前的婴儿主要是通过动作来感知世界的，从最初的无条件反射逐步发展有目的的动作，进而发展到活动目的与手段的分离，婴儿的智慧逐步发展、显现。在此过程中，婴儿也形成了对事物间因果关系和客体永久性的认识。养育要点：家长首先要了解宝宝智慧发展的过程，创造条件或配合婴儿的游戏促进宝宝智慧发展。

著名的儿童心理学家皮亚杰指出：1 岁前婴儿的思维处于感觉运动阶段，具体可分为 4 个小阶段。出生到 1 个月时，婴儿以先天的条件反射来适应环境。婴儿通过反射练习，使得反射结构

更加巩固，如吸吮奶头的动作变得更加巩固和准确；同时，还扩展了原来的反射，如将吸吮的动作，扩展到吸吮手指和其他物体。这被称为反射练习期。从1个月到4个月或更长一点，婴儿开始把个别动作整合起来，形成一些新的、综合性的习惯动作，如用眼睛追随运动的物体。这个时期被称为习惯动作期。从4个月到9个月的时候，婴儿可能偶然发现自己能使一些物体变得有趣。如用手拍打橡胶的小鸭子，小鸭子会发出叫声。为了让小鸭子发出叫声，他会重复这一动作。这是婴儿由习惯动作向智慧动作过渡的表现，这个时期被称为有目的动作形成期。从9个月到11、12月的时候，有目的的动作成了婴儿的主要活动，即动作本身不是目的，而是为了达到某个目的。如婴儿抓住大人的手，移向玩具的方向，抓家长的手是动作，让家长将他够不着的玩具拿过来是目的。又如，婴儿看到父母把一个有趣的玩具放到手巾底下，他会用手扯开毛巾，然后把玩具抓起来。扯开毛巾是动作，找到玩具是目的。这个时期被称为动作与目的分化协调期。

1岁前的婴儿可以明白一个重要的概念——因果关系。在他踢床垫时，可能会感到婴儿床在摇晃，或者在他打击或摇动铃铛时，会认识到可以发出声音。一旦他知道自己弄出这些有趣的东西，他将继续尝试其他东西，观察出现的结果。宝宝的发现活动越来越多。例如铃铛和钥匙串，在摇动时会发出有趣的声音。当他将一些物品扔在桌上或丢到地板上时，可能启动一连串的听觉反应，包括：喜悦的表情、呻吟或者导致物件重现或者重新消失的其他反应。他开始故意丢弃物品，让你帮他拣起。这时家长可千万不要不耐烦，因为这是宝宝学习因果关系并通过自己的能力影响环境的重要时期。

1岁前婴儿的智慧发展突出体现在客体永久性概念的获得。客体永久性指儿童脱离了对物体的感知而仍然相信该物体持续存在的意识，其对宝宝智慧的发展意义重大。首先，只有认识到看不见的东西依然存在，婴儿才能将不断消失、再现的照料者视为同一个客体，从而与照料者形成稳定的情感联系。其次，只有当婴儿意识到不在眼前的事物依然存在，用人称词、名词来指代不同的事物对婴儿才具有了确定的意义，为婴儿学习语言做好了准备。同时，客体永久性也是心理表征萌芽的象征，而表征是概念形成中必不可少的重要环节，对思维发展有着重要意义。婴儿客体永久性概念获得的过程如下：0~4 个月的婴儿，眼中看不见，心中也就消失了；4~9 个月的婴儿，能寻找半隐蔽的物体；9~12个月的婴儿能找到完全隐藏的物体，标志着客体永久性概念名副其实地形成。家长要多跟宝宝一起玩"藏猫猫"的游戏，让宝宝知道妈妈虽然暂时藏起来、不见了，一会儿还会出现的。家长也可把物品藏起来让宝宝找，但要记住，对于 9 个月前的孩子不要把物品完全隐藏出来，要通过声音提示或者将物品露出一角，帮助宝宝把物品找出来。例如，找铃铛游戏。摇小铃铛，引起宝宝注意，然后走到孩子视线以外的地方，在身体一侧摇响铃铛，同时问"铃铛在哪儿呢？"逗他去寻找。当孩子头转向响声，大人再把铃摇响，给他听和看。然后当面把铃铛塞入被窝内，露出部分，再问"铃铛在哪儿呢？"大人用眼示意，如果宝宝找到就及时表扬。

六、亲子游戏

（一）寻找目标

游戏目的：让宝宝认识物品。

游戏准备：家庭及日常生活中常见的物品。

游戏过程：

1. 母亲抱宝宝站在台灯前，用手拧开灯说："灯"。刚开始时宝宝可能会盯住妈妈的脸，不去注意台灯。多次开关之后，宝宝发现一亮一灭，目光向台灯转移，同时又听到"灯"的声音。

2. 经过几次训练，宝宝再听到"灯"时，就用眼去看，说明条件反射形成，宝宝可以找到目标物体。

3. 家长通过类似方法让宝宝逐渐认识家中的花、门、窗、猫、汽车等物。以后渐渐让宝宝学会用手去指，认识自己的玩具，听到家长说玩具名称会用手去拿。

（二）亲子共舞

游戏目的：刺激宝宝视觉、听觉和前庭觉，提高宝宝的方向感和平衡感，培养宝宝对音乐的感受与鉴赏能力。

游戏准备：选择轻柔、舒缓的音乐或节奏明快的曲子。

游戏玩法：1. 播放音乐，如莫扎特的小夜曲，也可由家人哼唱音乐。2. 把宝宝抱在怀里，迈着舞步，和着音乐节拍摇摆或旋转身体。3. 家人可以一边抱宝宝舞蹈，一边亲吻、抚摸宝宝，给宝宝多方面的感官刺激，全面体会愉悦的情绪。

（三）照镜子

游戏目的：给宝宝视觉刺激，帮助宝宝认识身体形象，并逐渐产生自我意识。

游戏准备：一面镜子。

游戏玩法：1. 妈妈抱着宝宝，坐或站在大镜子前面，先跟镜子里的宝宝说说话，引起宝宝持续的注意，然后不断地叫宝宝的名字，同时问：宝宝在哪里？2. 让宝宝看着镜子，

图1-39　看我帅不帅？

妈妈举起宝宝的一只手，挥挥手说：宝宝在这里！接着，妈妈抱宝宝离开镜子，同时说：宝宝不见了。然后重新回来，再举起宝宝的一只手说：宝宝回来了。3. 妈妈问宝宝：妈妈在哪里？妈妈先转过身背对镜子，马上又回

图1-39　快来和我合个影。

到镜子前对宝宝说：妈妈在这里！同时向宝宝挥手或拍手。

温馨小提示：

宝宝很喜欢镜子，会对着镜子笑、做鬼脸、同它碰头、亲亲等。镜子是宝宝的好伙伴，也是宝宝用来认识自己的最好工具。

第四节　0~1岁婴儿的语言教养要点

我国著名语言学家佟乐泉先生说：判断一个孩子的智力发展是否正常，用什么作指标？我们就用两个指标：一个指标是动作，另一个指标是语言。语言是人类开展思维活动，进行交流的重要工具，是人类最重要的信息载体。人类学习各种知识、技能，积累各种精神财富，参与各种社会活动都要靠语言。当宝宝发出第一声言语时，相信每位为人父母者都会觉得那声音如天籁般悦耳动听。当宝宝开口发（叫）出第一声爸爸、妈妈时，相信是每个父母最愉悦的时刻。

0~1岁是婴儿语言发展的萌芽期和预备期。随着婴儿对外界生活环境的适应以及与周围人的接触，婴儿不断感知和倾听各种声音，逐渐提高对语言的感知能力，学习分辨、理解语音和语言，模仿用表情、动作、微笑、咿呀声与人交流，回应家长的讲话，迅速地发展语言，为开口说话奠定了良好的基础。总体来说，1岁前的婴儿处于言语发展的准备阶段，婴儿语言的发展顺序分为三个阶段，即简单发音阶段（0~4个月），多音节阶段（4~9个月），即学话萌芽阶段（9~12个月）。每个具有正常发音系统的婴儿要学习语言，良好的交流环境、社会环境是非常重要的影响因素。总的来说，养育要点如下：第一，要保证婴儿和家长之间亲密情感上和身体上的接触。在这一前提下，孩子才可能在适当的时间发出各种语音和产生咿呀学语的兴趣。如果宝宝没有欢快的情绪和与人交流的愿望，他们是不愿意讲话的。第二，给婴儿创造丰富的语言刺激，尤其注重通过"儿语"与婴儿交流。从新生儿诞生的第一天起，就应让婴儿生长在一个良好的语言环境中，只有在语言的具体运用中，才能学到语言。最为理想的办法，是同婴儿进行各种各样的交谈，提高孩子讲话发音的积极性。第三，注意语言模仿在婴儿语言学习中的重要性。在孩子0~1岁内，应注意给孩子提供较好的语言模仿的榜样，只有典型而良好的榜样，才可促进孩子语言的顺利发展。第四，及时鼓励、强化婴儿语言学习中的进步。

一、创造有声环境，让宝宝感知语言

婴儿学习语言从"听"开始。轻柔或欢快的讲话声、美妙的音乐声、悦耳的玩具声、大自然中美妙的鸟鸣声都是有益的听觉刺激。对于婴儿的语言习得来说，最重要的有声环境刺激是日常生活中家人通过跟宝宝的讲话和交流，让宝宝感知语言。养育要点：家长要播放音乐，带宝宝聆听大自然中的声音，丰富宝宝的声音感知经验；家长要多跟宝宝说话、说唱儿歌、讲故事等，既能提高宝宝对语言的感知能力，又能密切亲子关系，激发宝宝发音、交流的兴趣。

每当宝宝醒来时，家长要对宝宝面带微笑，轻声说话，用亲切、温柔的声音逗引宝宝，如："宝宝，你醒了。""宝宝醒来了，跟妈妈笑一笑，咦，笑的真美！""宝宝饿了，要吃奶了。"在给孩子进食时说"宝宝！吃饭了！""哎！好好吃呀！""可好吃啦"等等。在外出散步时，可以说"宝宝！狗来了。""啊，花开得真好看呀！"妈妈在做家务时，可以将孩子放在身旁，边做边说："妈妈要晾衣服了，你在

图1-41 姨奶说："宝宝真乖！"

一旁好好等着。"要经常播放轻音乐，或家长自编儿歌、自哼曲调给宝宝听，让宝宝感知各种悦耳动听的声音。家庭的其他成员也要多对宝宝说话，让宝宝感知不同人说话时声音、语调的不同。家长可用儿语和宝宝说话，激发宝宝听的兴趣，也有助于宝宝理解语言。儿语的特点是频率较高、音调夸张、词语简短、语调缓慢，有点像唱歌的感觉；常伴有目光接触、夸张的表情和动作。

此外，还要让宝宝经常感知各种声响。如勺子碰到碗而发出的声音、音乐盒里发出的声音、小动物的叫声。可在宝宝的周围轻轻摇晃有声玩具，引导宝宝转头寻找声源。如："宝宝，听听，是什么声音响?"待宝宝对声音有反应后，提醒宝宝再次倾听，后出示玩具告诉宝宝声音的来源，如："噢，原来是拨浪鼓的声音，咚、咚、咚。"

二、结合具体情境，让宝宝理解语言

让宝宝理解语言。家长要结合具体的生活场景，经常与宝宝亲切交谈，围绕宝宝看到的、尝到的、摸到的、闻到的或听到的内容进行对话，帮助宝宝理解语言。养育要点：在生活情境中可时时进行语言教育，让宝宝结合具体情境和动作理解语言。语言理解是一个循序渐进的过程，可让宝宝从视线注视、用手或其他动作指认表达、语言表达等方式逐步表现对语言的理解。

当家人喂宝宝吃饭、给他换尿布、帮他穿衣服、给他洗澡或抱他时，和他说说话，告诉宝宝你在做什么，发生了什么事。如："宝宝，你是不是尿湿了?让我看看你的尿布。""你真的尿湿了，我们赶快换尿布吧。"经常叫婴儿的名字，让他对自己的名字很熟悉，当家人喊他时，他会马上抬起头或转过头来看。反复教孩子认识他熟悉并喜爱的各种日常生活用品的名称。如起床时，可以教他认识小被子、衣服；喂奶时，教他认识奶瓶、手绢；坐小车时说"这是小车"；给婴儿戴帽子外出，家长不仅拿

帽子给他看，还告诉他这是"帽帽""宝宝的帽子"；吃饼干时认识饼干，吃苹果时对宝宝说"这是苹果"；在玩玩具时教他各种玩具的名称。还可以借助实物、动作和图片，引导宝宝听到简单的词后做出相应的反应，理解简单词语的意思。如指认五官、听词做动作、伴随家长的语言做简单的模仿动作等，让宝宝更好地理解语言。再比如，家长指着小闹钟说："这是闹钟、闹钟。"让宝宝摸摸闹钟，家长继续说："宝宝摸闹钟。"经过几次训练，家长问宝宝："闹钟在哪里？"宝宝就会指着小闹钟，这表示宝宝已听懂这句话了。到1岁左右，当孩子看到妈妈叫"妈妈"，看到爸爸叫"爸爸"，看到汽车说"车车"时，说明宝宝更准确地理解了一些词语的意义。

三、积极回应宝宝发音，引导宝宝学习语言

发音是宝宝进行语言表达的前奏。宝宝发音有一个过程。一个多月的宝宝，除了用哭声表达自己的身体状态和需求外，精神状态好时会发出哼哼唧唧的声音，这是宝宝语言练习的自然阶段，并不是真正的语音出现；大约2个月左右的宝宝，能发出啊a—o—e—i—u—yü—的声音，这才是作为语言的语音出现了，宝宝还能发出一些其他语种的语音。之后，由于受到母语潜移默化的影响，宝宝发出非母语的语素的能力逐渐退化，对语言的兴趣更加明显。宝宝特别喜欢家人对着他说话，他自己也咿咿呀呀说个不停。7个月左右，宝宝能发出 ba—ba—ma—ma—等音节。养育要点：在宝宝饶有兴趣地发音时，家长要给予积极、热情的回应。

当宝宝发音时，家长要表现出惊讶和兴奋，给予宝宝积极的回应，重复宝宝的发音，鼓励他再次发声。如："宝宝会说话了，a—a—a—o—o—o—。"并结合具体的人、事、物，帮助宝宝说出想要表达的内容，引导宝宝模仿正确的发音，促使宝宝的发音向成人的语言靠近，如："宝宝会叫爸爸了，看，这就是爸爸，

爸爸。"还可以用简单的曲调哼唱歌曲和有节奏朗诵的方式重复宝宝的发音，以有趣的形式吸引宝宝的注意力，增强宝宝对语音的模仿和有意识地练习。在 7 个月后，引导宝宝看到父母时有意识地叫"爸爸""妈妈"，逐步熟悉并学习模仿对亲人称呼的发音，如：奶奶、姑姑、舅舅、姨姨等的发音。

四、鼓励宝宝与人交流，体验交流的乐趣

家长在宝宝 3 个月后，应经常抱他到户外活动，引导宝宝多与周围人接触，倾听模仿周围人的说话，如："宝宝，叔叔在跟你问好呢。"在听完别人的说话后，鼓励宝宝用咿呀声回应他人的讲话，积极与人交流。应经常引导宝宝模仿用表情、语音、动作、简单的词等多种方式回应他人的讲话，学习啊啊、呜呜地与人进行交流。要经常让宝宝与周围生活中更多的人接触和交谈，引导宝宝用拍手表示欢迎，用招手表示再见，用点头表示听明白了，用微笑表示高兴等，如："哦、哦，宝宝听懂了。""宝宝，拍拍小手，欢迎、欢迎！""宝宝，招招手，说再见、再见！"同时家长在宝宝每次与人交流的过程中注意及时赞扬、夸奖宝宝，如："阿姨夸奖宝宝呢，""宝宝真棒！""宝宝真有礼貌！"以增强宝宝与他人交流的乐趣体验，逐步提升与他人交谈的意愿。

五、亲子游戏

（一）咿咿呀

游戏目标：感知语音，模仿发出"咿咿呀"的语音。

游戏准备：在宝宝精神状态好的时候，家长与宝宝面对面，视线相对。

游戏玩法：

1. 轻唤宝宝的名字，吸引宝宝的注意。

2. 自编简单的小曲调，"咿咿——咿咿——呀——"反复唱给宝宝听。

3. 放慢速度，逗引宝宝学着发出"咿咿——咿咿——呀——"的声音。

4. 宝宝每发对一个音，就亲一下宝宝，给宝宝一个鼓励。

5. 附和着宝宝的"曲调"与宝宝一起"唱歌"："咿咿呀，哦哦哦，小宝宝，学唱歌。咿咿呀，哦哦哦，宝宝唱歌真好听。"

温馨提示：

此游戏适合4-6个月的宝宝。

家长要注意逗引宝宝模仿发出"咿咿呀"的声音。

在宝宝发出语音时，家长要给予积极的回应和鼓励。

（二）喊爸爸　喊妈妈

游戏目标：模仿发出"Ma-Ma""Ba-Ba"的音，学习运用语音和表情与家人进行交流。

游戏准备：在宝宝精神状态好的时候，让宝宝坐在家长的大腿上，面对面，视线相对。

游戏玩法：

1. 双手扶起宝宝的腰，双腿上下抖动，并有节奏地念儿歌"小娃娃，甜嘴巴"。

2. 念儿歌"喊爸爸"，稍慢并停顿，让宝宝找爸爸，并引导宝宝练习发"Ba-Ba，Ba-Ba"的音，爸爸听到喊声后拍拍宝宝，亲亲宝宝。

图1-43　果园里玩耍真高兴。

3. 念儿歌"喊妈妈"放慢速度，与宝宝眼睛对视，大声说："Ma-Ma，Ma-Ma，妈妈在这呢！"后抱紧宝宝，亲亲宝宝。

4. 念到最后一句"喊得奶奶笑掉了牙"，抱紧宝宝左右摇晃一下，然后让宝宝平躺在大腿上。

温馨提示：

此游戏适合 7~9 个月的宝宝。

家长在发"Ma－Ma""Ba－Ba"的字音时要指向具体的人，亲切并加重语气，让宝宝模仿。

（三）拍拍　摸摸

游戏目标：倾听语音，模仿做动作，理解词汇的含义。

游戏准备：在宝宝吃饱后，面对面和家长坐在一起，视线相对。

游戏玩法：

1. 轻唤宝宝的名字，引起宝宝的注意，并告诉宝宝游戏的名称。

2. 家长为宝宝有表情地表演一遍儿歌，边说边做动作：念"一、一、一"时，伸出一根手指；念"二、二、二"时伸出两根手指；念"摸摸小脸蛋"时，轻抚一下自己的脸；念"三、三、三"时，伸出三根手指；念"亲亲小小手"时，用嘴亲一下自己的手。

3. 请宝宝伸出手，家长边念儿歌，边引导宝宝模仿做动作。

4. 带宝宝一起边念儿歌边表演动作，每次表演后亲亲宝宝，给予宝宝鼓励。

温馨提示：

此游戏适合 10－12 个月的宝宝。

家长可改编或增加儿歌的内容，如："三、三、三，轻揉小胳膊；四、四、四，踢踢小脚丫"。

待宝宝熟悉玩法后，互相在对方的身体上做动作，如：念"拍拍小脑袋"时就轻轻抚摸对方的头。

（四）听儿歌　蹦蹦跳跳

游戏目的：锻炼宝宝理解语言的能力，增加词汇量。

游戏准备：儿歌。

游戏玩法：

1. 爸爸抱宝宝坐在膝上，一边念儿歌，一边有节拍地动膝盖，让宝宝有骑马的感觉。

2. 爸爸念："骑大马，骑大马；上高山，跨过河；嘎登嘎登……跨过河"（同时将宝宝向前举起）。经过一段时间游戏，以后每次念叨"嘎登嘎登"时，宝宝会自己跳起来。

3. 妈妈抱宝宝坐在地上，二人面对面手拉手地前后摇动。

4. 妈妈说儿歌："摇啊摇，摇啊摇，摇到外婆桥，外婆说我好宝宝，给我吃糕糕！外公说我好宝宝，给我举高高！"以后每次念到"举高高"时，宝宝也会向高处跳起。

第五节 0～1岁婴儿艺术潜能教养要点

一、如何为0～1岁的宝宝选择音乐？

研究发现，婴儿具有的能力是令人惊奇的，应当正确认识和评价婴儿的能力，把婴儿作为具有精神和能力的人来对待。以往那种认为孩子出生后两三个月，不能听、不会看、不存在智能等说法，是不符合实际的。研究人员在医院婴儿室所做的实验，表明了新生儿不仅有了听觉能力，还有听觉辨别能力。著名钢琴家顾圣婴的父亲回忆道："刚满月的圣婴躺在摇篮里，妈妈在放唱片，小圣婴闭上眼睛安静地睡着了。可是，当一曲终了，妈妈换唱片时，小圣婴睁开眼睛，左顾右盼，似乎在寻找什么。当乐曲重新响起来时，孩子又安静了。妈妈惊奇不已，把这一发现告诉家里人和亲友们，并一次次地表演，屡试不爽"。这个时期试着选择旋律优美动听、生动活泼、情趣高雅的音乐，去陶冶孩子的性情和品格，调节情绪，丰富情感；家长要用优美动听的音乐，去影响、锻炼孩子的听觉，促进听觉能力的发展。给孩子听音乐，音乐的音响质量要纯净、清晰，不要有杂音。无论有人唱歌给孩子听，还是听音乐，都要音调准确，不准确的音调，会损伤孩子的听觉辨别能力。

听孕期时的胎教音乐。根据实验观察，刚出生的宝宝最适合听妈妈怀孕时听的音乐了，每当听到这些熟悉的音乐时，多数宝宝会出现有节奏的手足摆动，面带微笑，并停止哭闹。经常播放胎教时的音乐，宝宝能很快入睡，养成有规律的昼夜生活规律。

听西洋乐器和民族乐器的音乐。除了孕期时的胎教音乐外，还应该让宝宝多听以下音乐：

（一）听中国民族音乐

每个民族的民乐中都蕴含着具有本民族文化特色的语言。比如以色列摇篮曲是进行曲式的，非常亢奋、激动，这能帮助以色列孩子入睡；俄罗斯的音乐比较深沉，有厚重感和淡淡的忧伤；中国民乐的曲子都是五声调式的，旋律感比较强……中国的孩子比较容易对自己的民乐产生亲切感。这是由人的遗传因素造成的，基因里记录下的父辈和祖辈的记忆，因此孩子在听琵琶曲、古筝曲时，比听交响乐更容易兴奋起来。适合0－1岁婴儿听的古筝、笛子、琵琶曲目：《高山流水》、《梦江南》、《知音》、《牧羊曲》、《出水莲》、《春江花月夜》、《阿里山的姑娘》、《泉水叮咚》、《水乡船歌》、《茉莉花》、《塞上曲》、《妆台秋色》、《青莲乐府》、《红梅赞》等。

宝宝接触其它类型的音乐，这样可以丰富宝宝的听觉世界，陶冶情操，培养宝宝的音乐天赋。

（二）听欧洲古典音乐

古典音乐能让孩子安静，并具备一定的音乐思维。所谓的音乐思维，也就是从音乐中体会到一些人类恒定的东西，比如音乐中的规则，均匀的节奏和段落，精彩的开头、高潮和结尾。选择古典音乐时，最好选择有标题的音乐，比如小狗圆舞曲，这种音乐更形象、简单，而小步舞曲或者G大调舞曲这样的无标题音乐不那么适合孩子。适合0－1岁婴儿听的钢琴曲目和小提琴曲目：《贝多芬——"月光"钢琴奏鸣曲》、《莫扎特——花仙子的花篮》、《肖邦——小夜曲》、《舒伯特——音乐瞬间》、《施特劳斯——蓝色多瑙河》、《野花》、《记忆》、《蓝色的爱》、《芬兰人》、

《脆弱的心》、《卡门幻想曲》、《西西里舞》等。

（三）听适合互动的、游戏类的音乐

传统儿歌、童谣或者一些原创小歌曲都属于这类，比如再见歌、问好歌、五指游戏音乐、亲子对唱歌等等

简单、重复又可以配合身体游戏的乐曲可以让孩子最大限度地参与其中。

（四）听一些经典的儿歌

儿歌吟唱中，优美的旋律、和谐的节奏、真挚的情感可以给儿童以美的享受和情感熏陶。其中，婴儿听儿歌，会从和谐优美的声音中领受亲人的爱抚，从而产生情感效应，心理得到慰藉和满足。0-1岁的小宝宝虽然不会说话，但是，妈妈常给宝宝念儿歌，给宝宝传递语言信息，有利于宝宝培养语感，还可影响宝宝今后的智力发展，妈妈们可要好好发挥儿歌的作用噢！没事的时候常给宝宝念儿歌，会有很好的效果出现！以下是适合0-1岁宝宝的儿歌：

（1）小鸭子——小鸭子，嘎嘎嘎，会游泳来会嘎嘎。

（2）小鼻子——小鼻子，作用大，闻气味全靠它。

（3）小耳朵——小耳朵，灵灵灵，样样声音听得清。

（4）小眼睛——小眼睛，亮晶晶，样样东西看得清。

（5）小嘴巴——小嘴巴，用处大，吃饭唱歌全靠它。

（6）小娃娃——小娃娃，嘴巴甜，喊爸爸，喊妈妈，喊得奶奶笑掉牙。

（7）小宝宝——小宝宝，怀里抱，一逗他一笑，再逗他还笑，老逗他老笑。

（8）点点窝窝——点点窝窝，宝宝笑一笑，两个小酒窝。

（9）洗澡——娃娃洗澡澡，肥皂变泡泡，泡泡散开喽，娃娃干净喽。

（10）喝牛奶——小宝宝，喝牛奶，喝了又喝还不饱，抱着奶瓶舔舔舔。

（11）小飞机——小飞机，嗡嗡嗡，飞到西，飞到东。

（12）小汽车——小汽车，嘀嘀嘀，跑过来，跑过去。

（13）小小鸡——小小鸡，叽叽叽，又吃虫儿又吃米。

（14）小脚——小脚小脚真能干，走走跑跑跑得欢。

（15）小白兔——小白兔，白又白，两只耳朵竖起来，爱吃萝卜爱吃菜，蹦蹦跳跳真可爱。

（16）小鸟自己飞——小鸟自己飞，小鸟自己跑，我是好宝宝，不要妈妈抱。

（17）小咪咪——大拇哥，二拇弟，中轱辘，四兄弟，小咪咪。

（18）一二三——一二三，爬上山，四五六，翻跟头，七八九，拍皮球，张开两只手，十个手指头。

（19）月亮——月亮圆，月亮弯，月亮月亮挂天边。

（20）千颗星——千颗星，万颗星，点点星，点点明。一闪一闪亮晶晶，闪闪烁烁数不清。

（21）太阳——太阳太阳红又亮，照在身上暖洋洋。

（22）大苹果——大苹果，圆又圆，尝一尝，甜又甜。

（23）黄香蕉——黄香蕉，甜又甜，咬一口，面又面。

（24）橘子——橘子圆又圆，它的味道酸又甜。

（25）葡萄——葡萄藤，爬得高，爬到架上吹泡泡，吹了一串又一串，串串都是甜葡萄。

（26）小西瓜——小西瓜，圆又圆，水又多，味又甜。

（27）萝卜白菜——红萝卜，大白菜，红的红，白的白，吃萝卜，吃白菜，脸儿红红真可爱。

（28）吃豆豆——吃豆豆，长肉肉，不吃豆豆精瘦瘦。

（29）小雨点，沙沙沙，落在田野里，苗儿乐得向上拔。

（30）吃青菜——宝宝乖、宝宝乖，宝宝喜欢吃青菜，翠黄瓜，绿菠菜，胡萝卜，嫩白菜，多吃青菜身体好，多吃青菜长得快。

（31）小木床——小木床，四方方，宝宝自己睡床上，不用奶奶哄，不用妈妈唱，闭上眼入梦乡，梦里上天逛一逛。

（32）又多一个娃——小猫咪地上爬，小娃娃跟着爬，猫妈妈奇怪了，我咋又多一个娃。

（33）外婆桥——摇、摇、摇，一摇摇到外婆桥，外婆真爱我，叫我好宝宝。

（34）学走路——乖宝宝，学走路，一二、一二迈大步。不怕黑，不怕摔，真是妈妈的好乖乖。

（35）过桥——小兔儿过桥蹦蹦跳，小鸭子过桥摇呀摇，小螃蟹过桥横着爬，小袋鼠过桥妈妈抱。

（36）雨点沙沙——小雨点，沙沙沙，落在花园里，花儿乐得张嘴巴。

（37）小雨点，沙沙沙，落在鱼池里，鱼儿乐得摇尾巴。

二、0~1岁宝宝听音乐的时机和注意事项

（一）0~1岁宝宝听音乐的时机

首先，给宝宝喂奶时，妈妈们可以选择一些节奏平缓，优美旋律的曲子，这很像高级餐厅进餐的音乐，宝宝边听音乐边进餐，让他好好地享受吧！

其次，哄宝宝睡觉时，可以听一些温馨的、安静柔和的、节奏缓慢的音乐，这样有利于宝宝入眠；

再次，逗宝宝玩时，可以放一些轻松活泼，节奏跳跃的音乐，因为这个时间段宝宝的玩意很浓，情绪很高，他很自然的会把自己的心情和音乐表达的情绪联系在一起，提高宝宝对音乐旋律的感受。

（二）0~1岁宝宝听音乐的应该注意的事项

首先，每天给宝宝听音乐的时间尽量15分钟左右，这样有利于宝宝养成一个好的生活习惯。

其次，不让宝宝听立体的音乐，更不能听让宝宝用耳机听音

乐，否则会损害宝宝听力。

再次，播放音乐时，最适宜的音量是在 40~60 分贝，而且不要同时打开电视机。

最后，不要把音响放在宝宝的床头，太近的音乐就变成了噪音了，磁场过大不利于孩子健康。

三、给宝宝提供色彩与图形的刺激，让其感受色彩美与形式美

当孩子出生后，第一眼就会面对多种多样的色彩；在孩子三四个月时，就有了对色彩的感受力。如果父母抓住早期色彩教育的契机，帮助孩子认识颜色，对孩子以后的智力发展是大有裨益的。在不同时期，宝宝能感知到的色彩也各不相同。如果家长能抓住每个时期的特点，给予适当的色彩刺激，则不仅能够促进宝宝的视觉发育，还能进一步增强宝宝智力潜能的开发，促使宝宝脑部更早发育，变得更聪明。

0~3 个月的宝宝已经对鲜艳的色彩、强烈的黑白对比感兴趣，色彩对于这个年龄段的宝宝而言，可以说有莫大的吸引力。随着宝宝视觉系统的发育成熟，到了 4 个月左右，宝宝对色彩就有了感受能力，可以通过认识色彩、感知色彩，来享受世界的美丽。年轻的爸爸、妈妈要抓住最早时期用较好的方法帮助宝宝辨认颜色，这时让宝宝感受色彩，培养敏锐的色彩感觉，对宝宝的智力发展和培养绘画兴趣都大有裨益。但是，宝宝对颜色的认识不是一下子就能完成的，而必须经过不断训练和培养。

国外研究结果表明：一个在五彩缤纷的环境中成长的孩子，其观察、思维、记忆的发挥能力都高于普通色彩环境中长大的孩子。反之，如果婴儿经常生活在黑色、灰色和暗淡等令人不快、令人压抑的色彩环境中，则会影响大脑神经细胞的发育，使孩子显得呆板、反应迟钝和智力低下。

婴儿识颜色是有一个科学的发展规律的：红——黑——白——绿——黄——蓝——紫——灰——棕（褐色）。按这个顺序

去认识颜色将事半功倍，而且教孩子认识这些颜色时一定要注意方法。不能一下把所有的色彩都给他认，而要分阶段分步骤让宝宝学认不同的颜色，这个星期教他认黄色，在生活中就只给他认一切包含黄色的物体，下一个星期只认蓝色，认识生活中所有含蓝色的事物，如此类推，很快他就会掌握全部颜色保证不易忘记，就是靠着这种方法，有些宝宝快满两岁时就已经认识了十种颜色了，进而推广到粉红等一系列浅色系列分辨也没问题。

0 ~ 4 个月是视觉发育的黑白期。在这段时间，宝宝看到的只是黑白两色，而且视物距离只有 20 ~ 30 厘米。所以，即便家长们拿出各种色彩的小玩意放在他面前，宝宝也是分辨不出来的，不如拿一些黑白对比强的玩具，在宝宝眼前来回晃动，以增强他们对黑白色调的敏感性。

当然，为了给孩子日后的视觉发育铺路，家长也可以买些红、黄、蓝色的玩具时不时给他们展示一下。虽然宝宝刚开始看不到这些色彩，可时间长了，却能起到刺激视觉的作用，为宝宝进入视觉色彩期奠定基础。

另外，宝宝所穿的衣服，甚至家长的衣服，也应该色彩多样化一点，灰暗色调的、明亮色调的服装都要有，否则宝宝很可能因为长期看同一色系，导致视觉迟钝。宝宝的床沿及床头，同样要装饰一些彩色饰品，比如气球、挂饰、彩色图片，这样宝宝一睁开眼睛，便能有一个彩色环境的熏陶。但切记不要让宝宝长时间近距离盯着一件东西，否则可能导致他们目光呆滞，甚至形成斗鸡眼。一边晃动玩具，一边温柔地跟孩子说话效果会更好。

4 ~ 12 个月，宝宝会迎来视觉的色彩期。这个时期，宝宝的视觉神经对彩色的东西非常敏感，视觉范围也扩大到了 1 ~ 2 米。

虽说这时孩子对彩色的东西都很敏感，但用什么样的色彩，效果会更好也是有区别的。三原色红、黄、蓝，纯度高，易于辨认，属于首选色彩；此外，家长还可尝试提前让宝宝接触一些橙、绿、紫。比如，买些带铃的彩色玩具，在宝宝眼前晃动，这样，有声又有色，孩子看了会觉得兴奋，对视觉和大脑发育起到很好的刺激作用。

　　童装服饰专家在多年对儿童的研究中发现，服饰颜色是接触孩子时间最长的色彩，具有潜移默化的作用，因此，服饰颜色的选择对儿童的智力发展有巨大的促进作用。同时，童装专家建议，年轻的家长应学会使孩子多认识颜色的方法。

　　家长除对衣服颜色的选择外，要使孩子能够多认识颜色首先要多看。孩子出生后，在他小床的正上方挂满各色大气球、纸花等，并不时摆动，这是一个很有效果的办法。

四、让宝宝认识色彩与图形的方法

　　（一）多为宝宝提供一些丰富的色彩

　　家长可以在宝宝的居室里贴上一些色彩调和的画片挂历，在宝宝的小床上经常换上一些颜色温柔的床单和被套，小床的墙边可以画上一条七色彩虹。在宝宝的视线内还可以摆放些色彩鲜艳的彩球、塑料玩具等，充分利用色彩对宝宝进行视觉刺激，对宝宝认识颜色有很大的帮助。

　　（二）加深宝宝对颜色的感知

　　宝宝如能盯着某种颜色或转动头部看到别的颜色时，家长可以指着这些玩具对宝宝说："这是红气球"，"那是小白兔"，"这是黄花"等用语言加以描述，加深宝宝对颜色的感知。

　　（三）让宝宝识别不同的颜色

　　当宝宝长到1岁多，咿呀学语时，家长和宝宝可以一起做"我说，宝宝指"的游戏。例如：家长指着几种颜色的气球问"哪个是红气球，哪个是蓝气球？"让宝宝用手去指，指对了就亲亲宝宝，并说："宝宝真乖，这是红气球。"如宝宝指错了，就说："再看看，哪个是红气球？"宝宝还是指不出，家长就要反复指着红气球说"这是红气球。"宝宝认识红色以后再认识绿色。也可变换说："这是红气球呢，还是绿气球？"让宝宝学发"红、绿、蓝"的音。还可放上各种颜色的玩具，让宝宝按家长的要求拿出同颜色的玩具。

（四）反复训练宝宝认识五种颜色

宝宝到1岁时，家长可用各种颜色笔画些宝宝熟悉的植物、动物、水果等。如：太阳、草地、花朵、树叶、苹果、小鸡、小狗、小兔、小鸭等，并边画边说："这是红太阳，这是绿色的草地，这是小黄鸡"等等。也可把各色蜡笔放在一起，让宝宝帮助拿颜色，如画红花，家长可说"请宝宝拿红蜡笔给爸爸画红花……"只要反复训练，方法得当，循循善诱，宝宝到3岁时，完全可以认识"红、黄、绿、黑、白"五种颜色了。

婴儿出生以后大约八个月左右，就能够将拇指和其他手指分开，从而能够自如地抓住东西，这个时候父母就可以有意识地让孩子自己拿笔在纸上涂画，孩子拿着蜡笔兴致勃勃地在纸上画着各种线条和圆圈，这究竟有什么意义？这实际上是儿童绘画阶段的涂鸦期。

不少家长常常理解不了宝宝的绘画行为，他们认为，孩子只有像成人那样规规矩矩地作画才是正确的，因此发现孩子的鲁莽举动就赶紧制止，殊不知，这也就在无意中扼杀了孩子萌芽中的创造欲望。其实，孩子画的那些点点儿、圈圈儿、线线儿，在我们看来毫无意义，对孩子来说却是一种自我表达的方法，一种创造性活动的初步尝试。只有通过无数次这样的尝试，孩子才能学会正确地反映丰富多彩的客观世界，并且表现自己的智力。

五、亲子游戏

（一）音乐里的爱

适应年龄段：6个月左右

准备材料：音乐播放机

游戏目的：促进亲子感情 培养宝宝的语言能力，开发宝宝的艺术才能。

游戏玩法：首先在卧室里播放巴洛克音乐或者自然长音。然后，将宝宝置放在摇篮里，轻轻地摇晃，让宝宝在悠扬的音乐中享受潜在的刺激。再次，伴随着音乐，为宝宝朗诵一些简短的儿歌或者哼唱歌曲。最后，不时的抱抱亲亲宝宝，让宝宝感受你对他的爱。

温馨提示：婴儿的大脑组织尚未发育完全，人为的摇晃震动会造成脑出血，并引起多种神经系统混乱的症状，这就是"婴儿摇晃症候群"。为了避免婴儿摇晃症候群，新生儿摇晃的幅度不要超过10度，操作时间不宜过长，控制在10~15分钟左右。

（二）音乐律动

适应年龄段6个月~1岁

材料准备：音乐播放器

游戏目的：可以促进宝宝的双手肌肉发展和双手配合能力。训练宝宝的节奏感，对音乐的敏感度，培养宝宝的音乐智能。在音乐中，在律动形式的良好和谐氛围中，开发宝宝的右大脑，养成和谐亲密的亲子关系。

游戏玩法：让宝宝坐在地上或者妈妈抱在怀里，播放音乐《拍拍手》，家长随着音乐的节奏拍手，孩子就会去模仿。在玩的过程中，家长可以由拍手，变成拍肩膀，拍肚子拍地面，拍腿。

温馨提示：在活动的过程中，可以让宝宝用自己的方式表现音乐，还可以加入丰富的乐器和玩具，作为辅助工具，来更好的表现音乐本身。

（三）看图游戏

游戏目的：训练宝宝对图形、颜色的感知能力，发展宝宝的视觉。

游戏玩法：在宝宝床头上方两侧及周围（最佳视距为20厘米）悬挂一些五颜六色的小图片、彩色气球、小条旗、父亲母亲的黑白相片、小娃娃、小动物等。宝宝醒来的时候，就会去看这些感兴趣的东西。这种游戏也可以采用在小宝宝的床头贴上下面几种图形的方式来进行：棋盘、拼图、条纹、曲线、同心圆、串珠子等。

游戏指导：图片的颜色要鲜艳，形状要多样，几天一换。如果有可能，所选择的玩具能够发出声音，让宝宝在看的同时，也听到美妙的声音。

第六节　0~1岁婴儿的教养环境设计

瑞典教育家爱伦·凯指出：环境对一个人的成长起着非常重要的作用，良好的环境是孩子形成正确思想和优秀人格的基础。孩子生活的场所，不仅是其居住者、使用者，而且也是空间的探索者、创造者。环境给婴儿提供了安全、健康的保证，提供了人际交往的空间，也提供了练习、探索的机会。环境是婴儿重要的生存条件，婴儿在环境中可以辨识事物，建立事物之间的联系，模仿并积累各种各样的社会经验。

一、提供相对固定的婴儿生活空间

相对固定的活动生活空间，能够帮助婴儿尽快熟悉并适应环境，建立安全感，而不至于产生焦虑的情绪，这对婴儿性格的培养是很有利的。要尽量为孩子创造一个相对稳定的生活环境，让婴儿健康快乐地成长，这样可促使婴儿秩序感和管理自己能力的养成，有助于婴幼儿形成良好的动力定型，保证活动持续、有效地进行。同时，相对固定的区域也便于整理和管理，有利于婴儿形成良好的习惯。

图 1-44　我的小车真舒服！

二、创设真实的实物环境

所谓真实的实物环境，主要是指客观世界中存在的人、动物、植物，而不是这些人、动物或植物的替代品如图片、玩具等。只有寓教育于生活中，才是符合这一年龄阶段孩子的教养方式。

（一）创设真实实物环境的身体发育依据

一个孩子出生时脑重量350~400克，是成人脑重的25%，而体重只占成人的5%。此后第一年内脑重量增长速度最快，6个月时脑为出生时2倍，占成人脑重的50%（儿童10岁时体重才达到成人的50%）。第一年末时婴儿脑重接近成人脑重的60%。这一时期，大脑的发育不仅表现在脑重量的快速增长，还表现在脑细胞之间的连接网络的复杂程度以及突触的修剪过程。

一个人聪明与否，并非取决于脑细胞数目的多少，而是取决于脑细胞和脑细胞之间的连接网络。人与人之间的脑细胞数目的相差不会超过百分之二，但脑神经网络最高却会相差百分之二十五。脑细胞之间的连接网络，绝大部分是因为受到外界的刺激而产生出来。

一个出生不久的婴儿，其脑中新增加的神经元之间接触的速度，可以高至每秒钟30亿个接触点。

早期经验除了能加强这种神经联系外，也能选择和修剪这种联系。婴幼儿期的脑是超高密度的，拥有的突触数量是实际需要量的两倍。十年后，大部分未被用到的突触会被大脑淘汰，也即被大脑修剪掉。这也是为什么早期经验如此重要的原因，那些受到反复刺激而不断得到活动机会的突触才能永久保留下来。因此真实的环境刺激是孩子大脑发育的必要条件。

（二）创设真实实物环境的心理依据

这一时期婴儿的思维具有形象性的特点，主要通过感官来认识世界。感觉主要包括视觉、听觉、嗅觉、味觉、皮肤觉等。视觉方面婴儿喜欢看颜色鲜艳的物品，可以通过各种色彩的实物来刺激其视觉和智力的发育：比如可以给他们提供颜色鲜艳的糖纸及各种色彩的瓶盖，给婴儿穿衣时介绍衣服的不同颜色、袜子的颜色等；在触摸觉方面，婴儿喜欢触摸各种各样的物品来了解事物，可以提供给婴儿各种软硬、糙滑不同的真实物，如各种软硬不同的布料、粗细不同的沙子。另外婴儿吃东西时的相关物品：小饼干、水果、蚕豆、大米或杯子、筷子、汤匙、锅、碗、盆等

图1-45　看，我坐在车里美吧！

让他触摸了解不同物品的不同感觉和属性。在听觉方面，不同的声音刺激能促进婴幼儿的听觉发展，如利用生活中婴儿常见和常用的物品敲打出不同的声音，如：汤匙、碗或奶瓶以及父母发出的不同音调的声音等，这些丰富的刺激有助于婴儿思维的发展。通过视觉、听觉、味觉及皮肤觉等所接受的不同刺激，婴儿能够全方位地认识和了解事物，并加快他们认知能力的发展。

三、提供丰富的语言声音刺激

只要婴儿醒着，陪伴他的就应该有各种各样的语言存在，让孩子无时无刻不在听、说、读，丰富语言声音的刺激，会使孩子的言语能力得到提升。而不是让孩子长期处在一个安静、无任何刺激的环境中。

（一）多跟婴儿说话

一些家长觉得婴儿期的孩子还小，跟他们讲话，孩子听不懂，所以，就偷懒不注意多跟孩子讲话。事实上，婴儿虽然小，但是他们却能够根据父母的面部表情和动作等来综合判断语言的含义。比如，在孩子很小的时候，他们经常通过"咿咿呀呀"来表达自己的各种需求，饿了、渴了、冷了、热了、不舒服了、困了。如果这时父母对孩子需求的表达给予言语的反应，好像你确实听懂了，并给予他们这种"咿咿呀呀"的话语进行回应。渐渐

地孩子会发现，原来发出不同的声音可以引不同的反应。当他们慢慢长大时，就开始用更高水平的语言来回应妈妈，久而久之，孩子将能慢慢说出第一个词语。

（二）提供丰富的生活情景促进语言能力的发展

日常生活是婴儿学习语言的最好场所，家长可以在日常生活中，帮助孩子学习一些日常用语和有关物品的名称，并把这些学到的语言运用到与他人的交际中，促进语言能力的发展。比如在洗澡、吃饭时，可以告诉宝宝身边的东西，告诉孩子这些物品的不同名称，以及他们的用处；对于孩子特别感兴趣的东西，特别是那些他们反复玩弄的物品，可以告诉他们正在玩的东西叫什么，这样的方式，有助于孩子熟悉语言，并把这些语言跟相关的物品对应起来。但是在教宝宝学习词语的过程中，父母要注意教育的方式。比如：任意地指着周围的某个东西，告诉宝宝这叫"某某"，而不管宝宝当时正在看什么。其实，这不是好的方式，最佳的方法就是妈妈细心观察宝宝对什么东西感兴趣，然后适时地告诉宝宝：他正在玩的或看的这个东西叫什么。这种敏感的方式不仅能很好地帮助宝宝学习当前的词语，而且有利于日后语言技能的发展。

（三）通过感官认识世界

宝宝总是通过感官来学习，即视觉、听觉、味觉、触觉和动觉来了解外部世界，学习知识。生活中，我们可以经常看到宝宝在拿到一个新玩具时，在手上玩过以后，常常会塞到嘴里。因此，父母若能把握这个原则，在提供语言刺激学习时，除了提供字卡，也一定要用声音让宝宝对发音和字形做联结，并且进一步展示该字的图片或真实物品，让宝宝摸、闻等。

图 1-47　车里观景，心安神宁。

　　总之，宝宝语言的发展离不开适当的语言环境和刺激。如果父母能细心地关注孩子语言发展的动态，并适时提供恰当刺激，那么宝宝的说话自然水到渠成。

四、提供躺、坐、爬、站的安全运动环境

（一）躺

　　2~3个月的孩子已经不再手脚乱动，开始出现一些局部的动作。他们学会抬头，成人可将他竖直抱起，从而能够更好地让孩子锻炼头部的支撑能力。3~5个月的孩子学翻身，这时应给孩子抬头支撑和翻身的机会。

图1-48　你说我高兴不高兴?

（二）坐

　　孩子在5~6个月时开始学会坐。孩子真正能坐稳时，头能竖直，不向前倾，不必用双手支撑，双手能自由活动。不过刚坐稳的宝宝仍要有家长监护，不宜久坐。宝宝能坐稳，视野比平躺时开阔，坐时双手可以自由活动，更方便摆弄玩具，会坐起的宝宝比只能躺着的宝宝有更多自由，因此这时可以给孩子提供更多的玩具供他们来抓握，从而锻炼他的运动技能。

（三）爬

　　爬的最佳年龄是在6个月，充分的爬行，能够锻炼手、腿、腰和背部的肌肉。爬对婴儿的交往能力、空间知觉等方面的发展均有益处。一些父母不愿让婴儿学爬，会延缓他的心理发展。

　　给宝宝提供爬的运动环境至关重要，一些父母可能认为爬行太脏，如果怕地方凉或脏，在床上训练爬行时，可以让婴儿在床上进行爬行，这时，可将床的四周围上高度超过70厘米的坚固

的栏杆，另外，床的周围不要摆放家具，床上不要放过大的玩具。这时，可将色彩鲜艳的皮球放在婴儿能摸到的地方，让他努力移动手、脚，并逐渐学会调整方向朝皮球爬行。

当孩子在地面上练习爬行时，妈妈可在前面引逗或给孩子一个他感兴趣的物品，家人可用双手推着孩子的脚底，并使他学会用一只手臂支撑身体，另一只手去拿玩具。但是如果孩子学爬时，还不能达到腹部不能离开地面的情形，家人可以用一条毛巾放在他的腹下，提起孩子的腹部，使体重落在他的手和膝上，等小腿肌肉得到最大的锻炼能支撑体重后，他就能学会用手足爬行。学爬行最好的玩具是各种色彩鲜艳、大小不同的皮球。孩子无需费什么劲，皮球就能滚得老远。此外，每次皮球滚动的方向是无法预料的，而且可以失而复得，有利于增加玩耍的新奇性和趣味性，是孩子喜欢的方式。

（四）站

当婴儿坐的时候，如果发现他的两只脚常不停地蹬，这说明婴儿有了站的意识，可以开始扶站。5~6个月时，成人可以扶住婴儿的两腋，让他站立。同时，也可利用家庭中的有关物品，比如：橱柜、墙角、床边、沙发、椅子等围出一块"运动空间"，地面铺上塑料地板、地毯或席子，任婴儿翻滚、爬行，或引导婴儿练习扶物站立、移动身体。在孩子7~8个月时，可拉着他的双手让他站立，每天

图1-49　看，我的颈椎操做得像不像？

练习几次，这样能够很好地促进其肩、胸的活动。再往后，当他会自己扶住东西站立后，可以在床栏上挂些玩具，吸引他站起来取玩具。在此期间，他同时又在练习坐、爬、蹲等动作。这时候父母要注意不宜让宝宝久站，因为他的下肢尚不能长久负重。

五、提供适合0~1岁婴儿玩耍的玩具

合适的玩具能够有效地促进婴儿的身心健康发展，但要注意玩具的数量要适宜，以免分散婴儿的注意力。

1. 1岁左右的宝宝开始学走路，但还有些不稳。因此，这个年龄的儿童需要有助于感官和肌肉发展的玩具。可提供一些拼图以及积木类的玩具供其玩耍。

2. 这一时期孩子对会动、会响的玩具感兴趣，因此，可提供给他们可洗的柔软玩具，会浮水的玩具，色彩鲜艳的块状玩具，挤压会叫的玩具，悬吊的玩具，可推拉或乘骑的玩具。如：拉着的小车，小鸭子，尤其是拉着走时还能发出声音的，比如会响的鞋子，还有木马等。

3. 孩子喜欢拼接的玩具，因此，简单的可塞入洞的玩具，布做的书，可连接的圈，音乐盒，小车子，木槌等，都是适宜他们的玩具。

4. 布料和绳子制成的玩具。由这些材料制成的玩具比较轻便柔软，是非常适合婴幼儿使用的。比如把两片剪成圆形的布缝合起来制成一个软式飞碟；在质地柔软的布袋里分别装入米、绿豆、花生等物品，让婴幼儿在布袋外面触摸，感受所装物品的颗粒大小等；用手帕、布料中同类的、相似的、相关的图案剪贴制作成图片或布书；用布条、绒线、包装绳等编成小辫子，制成毛毛虫、花、树等。

第二章
1~2岁幼儿的教养要点

第一节 1~2岁幼儿的动作教养要点

一、如何让宝宝学习行走

宝宝在11个月左右，就可以借助实物（或在家人的搀扶下）走动了，12个月后，在家长的保护下就能够独自迈出两三步了。但宝宝的腿部力量、身体平衡力、各部位动作的协调能力还较差，会经常摔倒，一般宝宝要到两岁左右走的动作才能达到自如的程度。在宝宝走的动作发展过程中，家长可分三个阶段对宝宝进行训练。

（一）宝宝学步的准备阶段

宝宝学步的准备阶段是：一是增强宝宝的腿部力量。训练宝宝蹲站的方式，增强宝宝的腿部力量。方法是父母将玩具丢在地上，让宝宝自己捡起来。二是训练宝宝的平衡感。父母可以各自站在两头，让宝宝慢慢从爸爸的这一头走到妈妈的那一头。三是训练宝宝的胆量。可在与宝宝目光相同高度的物体上放置玩具，这样宝宝没有身高与地面的视觉差，专注于取玩具，就会大胆地向玩具移动，从而变得自信大胆，这种心理素质一旦形成，走路就变得相对容易多了。

（二）宝宝学步的放手阶段

1. 稳定重心训练

宝宝开始蹒跚学步了。这时，父母不要怕宝宝摔倒，要鼓励他大胆地进行尝试。行走是靠两条腿交替向前迈进，每走一步都需要变换重心才能步伐稳健。宝宝初学走路，往往就是在摸索如何掌握好重心来协调行走的步伐。

首先要教他学会变换身体重心，10个月的婴儿能从卧位改换成坐位，重心就发生了变化，这些属于最基本的能力。家长可以站在孩子后面，用双手扶住他的腋窝处，跟着他一起走。开始时他或许需要你用力扶住，之后家长只需用一点点力，他就能自己往前走了。

当宝宝11个月时，家长可以蹲在宝贝面前，伸出双手拉住他的手，鼓励他迈步，朝向家长走来。每迈出一步都需要变换重心。还可拉住宝宝的单手，让他向前迈步。时机成熟时，设置一个诱导幼儿独立迈步的环境。

12个月左右，妈妈可让宝宝站立好，伸开双手鼓励他："宝宝走过来，走到妈妈这儿来。"当他第一次迈步时，需向前迎一下，避免在第一次尝试时就摔倒；以后再进行第二次、第三次，逐渐加大距离，并对宝宝每次的成功都给予鼓励。

通过以上训练，宝宝很快就能掌握两腿交替向前迈步时的重心移动，用不了多长时间宝宝就会走路了。

2. 借助实物行走阶段的训练

（1）第一阶段：父母可利用学步用的推车，协助宝宝忘记走路的恐惧感学习行走。

（2）扶棒练习：先准备一根长约50厘米、直径2厘米、表面光滑的塑料棒，然后扶宝宝站稳，让宝宝两手同肩宽正握塑料棒，家人握塑料棒两端慢慢退着走，使宝宝借助塑料棒的牵引力跟着家人朝前走。在练习的过程中，家人应不断用语言鼓励宝宝走下去，但时间不宜过长。

（3）扶床练习：刚开始宝宝扶床短时（半分钟）的独自站立，就是不敢走，家人可以在宝宝的前面放他（她）喜欢的玩具，这样宝宝会忘记胆怯，沿着床边移动去拿玩具，经过这一阶段的训练后，宝宝的腿部力量、身体的平衡能力以及各部位动作的协调能力等都有明显的提高，为独立行走打下良好的基础。

3．独立行走阶段的训练

经过训练，当学会独自行走后，宝宝会带着胜利、骄傲和好奇的心情走来走去，到想去的地方，摸所喜欢的东西。父母千万不能阻止宝宝的行动，要给宝宝以鼓励和保护，尽量创造条件使宝宝有较多的行走机会，这不仅可以提高宝宝行走动作的熟练程度，而且还可以促进宝宝各种感觉器官的发展，扩大宝宝对外界事物的认识范围。

（1）短距练习：让宝宝靠栏杆或墙站稳，家人在距宝宝1米左右的对面蹲下，用有趣的玩具引诱宝宝向自己迈步。这时宝宝会露出喜悦而紧张的神情，很快地两三步跨到家人跟前，扑进家人的怀里。对于胆怯的宝宝，家人要耐心诱导，切勿急躁。

（2）加长练习：在短距练习的基础上，家人离宝宝的距离可稍远一点，再远一点，逗引和鼓励宝宝朝前走。也可以采用宝宝朝前迈一步，家人向后退一步的办法，来加长宝宝行走的距离，这是提高宝宝行走能力和耐力的好方法。在做这种练习时，一定要注意保护好宝宝，避免宝宝跌倒摔伤。

（三）宝宝学步的稳固阶段

宝宝学步的稳固阶段。一是让宝宝练习爬楼梯，如家中没有楼梯可利用家中的小椅子，让宝宝一上一下、一下一上地练习。二是可利用木板放置成一边高、一边低的斜坡，但倾斜度不要太大，让宝宝从高处走向低处，或由低处走向高处，此时父母须在一旁牵扶，以防止宝宝跌下来。三是熟练的走路，能够独自站立，蹲下再起来，甚至有的能够倒退一两步拿东西。四是15个月：自由地游走。大部分孩子能够走得比较熟练，喜欢边走边推着或拉着玩具玩。

（四）宝宝学步的注意事项

宝宝从出生到会走要经历几个阶段，家人千万别强求。一般来说，宝宝3个月左右就能抬头、抬腿；3个月的时候，他开始有力量，会翻身了；长到8个月，基本就能爬了；爬需要一段稍长的时间，到10～11个月慢慢站起来学走；1岁到1岁半宝宝就能独立走路了；2岁前后，他的大脑神经发育完全，走、跑就都没问题了。倘若学走路过早，因下肢骨柔软脆弱，经受不住上身的重量，容易疲劳，下肢的血液供应也因此受到影响，故而容易出现佝偻病似的"X"型腿或"O"型腿，甚至发生疲劳性骨折。

二、保证动作练习时环境和材料的安全

宝宝动作练习时对环境和材料安全有以下要求。

1. 宝宝学步时的鞋子很有讲究，太大、鞋子不跟脚，太小，脚疼，都容易摔倒，不利于脚的发育，不利于宝宝学步。最好选择大小合脚，鞋底鞋面较软的鞋子。

2. 宝宝在家里最好是光着脚走路，有利于培养宝宝学步的感觉，还可锻炼脚部的肌肉，增强脚趾固定能力。天气冷时，可穿一双宽松、透气、防滑的棉布袜，以防跌倒。

3. 衣着要合体，不要过大过松，不然很容易给宝宝造成障碍。

4. 刚开始练习走路时，家长最好在家里铺上有弹性、质地软的泡沫地垫，宝宝走在上面会减少恐惧，不怕跌倒，可以大大减少学步时间。

5. 阳台：宝宝一旦学会行走，"到处乱走"是必然的情形，这时父母就要特别留意宝宝走到阳台上。没有围栏或栏杆高在85厘米以下，栏杆间隔过大（超过10厘米以上），或者阳台上摆小凳子……容易使宝宝误爬上，而导致危险。

6. 家具：家具的摆设应尽量避免妨碍宝宝学习行走，父母

宜将所有具有危险性的物品放置高处或移走，别让宝宝在摆满各种尖角家具的房子里走，避免磕着。

7. 门、窗：宝宝容易在开关门中发生夹伤，父母可使用门防夹软垫来避免危险；至于窗户方面，最怕宝宝走到窗边玩窗帘绳，如此容易发生被绳子缠绕造成窒息的危险。

8. 地面：一定要平，不能有绊脚物、不能滑。否则宝宝走起来很容易摔倒、受伤。

9. 宝宝走路的时候别喂他吃东西，以防噎着、戳着嗓子。

三、利用现有资源，开展精细动作与动作协调性地练习

（一）为什么要练习宝宝的精细动作

精细动作即小肌肉动作。是由小肌肉群所组成的随意动作，一系列小肌肉动作就构成了协调的小肌肉运动技能。从生理角度来讲，生理学家把人的大脑皮层比喻成"智慧的海洋"。因为它是思维的物质基础，而这个物质基础还需要通过大脑的很大区域得到训练来实现。而在大脑中用来处理来自手的感觉信息和指挥手的运动的部分占的比例最大。大脑有许多细胞专门处理手指、手心、手背、腕关节的感觉和运动信息。因此手指的动作，越精巧熟练，就越能在大脑皮层建立更多的神经联系，从而使大脑更聪明。

图 1－50　谁说我不会自己洗澡?

（二）现有生活为宝宝提供丰富的精细动作玩具

0－3 岁孩子的精细动作发展是"日新月异"的，比如：两三个月大的孩子还不能有意识地五指抓握，而两三岁的孩子已能灵活地调动十指和手腕，做出数十种手部的动作了。成品玩具虽然

精美、有趣，但家长要不停的购买变换才能满足宝宝发展的需要。一些托幼机构虽然利用废旧物品制作游戏材料，但因缺乏对材料应用的研究，使材料的使用流于表面，无法令孩子保持长久的操作兴趣。

基于上述情况，家长在遵循1~2岁年龄段幼儿的发展特点的基础上，可以充分利用生活中的真实物和自然物，开发、制作适合1~2岁婴幼儿使用的精细动作游戏材料，让更多的婴幼儿在玩中获益。

1. 把握幼儿手部动作的特点

针对手部动作的特点，可以设计有价值的1~2岁幼儿的精细动作游戏材料。根据观察，1岁以后宝宝开始有了主动性，在探索材料时出现的精细动作大致是搭、套、捡、穿、捏、画等。

2. 把握游戏材料的特点

生活中的常见材料可以按纸盒类、瓶罐类、布艺类等分类，这个阶段的宝宝对生活中的真实物和自然物很感兴趣，反复摆弄和探索的时间超过玩现成玩具，且经常会有新的玩法，这些新玩法带给家长设计新游戏材料的灵感。家长能较好地掌握对精细动作游戏材料的选择、制作和投放。如：塞一塞、搭一搭、捏一捏、套一套、画一画、穿一穿等。

材料的选择：

（1）材料是自然物和废旧物品，并经过消毒和加工，因此是环保、安全、牢固的，更是孩子熟悉和喜爱的，不仅可供他们玩耍，还可增进他们对周围物体的认识与了解，促进精细动作和认知能力的发展。

（2）材料制作的重点突出要有吸引力，力求使宝宝把注意力集中于材料的关键因素上，避免由装饰物或色彩等引起的不必要的干扰。如"摸一摸"系列中的神秘袋的设计重点是找来生活中的一个小口袋，让宝宝伸手入口袋触摸袋内的乒乓球、溜溜球、弹力球等，以刺激触觉。

（3）材料可一物多玩，满足同一年龄段孩子不同发展水平的需要。孩子年龄越小，个体差异也越大，在设计材料时我们尽可能地满足不同能力孩子的需要。

3. 让1~2岁宝宝精细动作生活化

1~2岁幼儿主要是学会玩比较复杂的玩具，学会拿东西的各种动作，开始把物体当做工具来使用，并且在游戏过程中能够初步运用分辨能力和发现能力。下面简单举几个例子说明：

穿纽扣。可提供鞋带等有一定硬度的线绳，大纽扣若干，引导宝宝拇指食指捏住线绳的一头，穿过小孔，并将线头拉出，锻炼双手配合的穿和拉，发展双手配合及手眼协调能力。可鼓励宝宝左右手都进行练习。因为纽扣比较薄，穿过比较容易，到后面可以用珠子、简短的吸管等材料，同时也能将原先较粗的线绳换成细一些的。

堆高高。提供几块积木（6块左右），不必过多，鼓励宝宝自由堆高，不限制其有序或固定造型。锻炼手部小肌肉的控制能力和手眼协调能力，并且可在堆高过程中渗透颜色认知。刚开始积木数量不要过多，等宝宝掌握堆高技能后，可逐步增加积木的数量，当然也可以用其他的材料来练习，如食品等的包装盒、一次性纸杯等。

塞片片。提供动物储蓄罐，有各种颜色、形状的薄片，鼓励宝宝喂小动物吃饼干，在游戏中可发展宝宝拇指、食指动作的精确性，促进手眼协调，还可以感知物体的颜色和形状。用大大小小的硬币也可以练习，还可以添加颜色、形状的认知在里面，如照片。

洗米。家长在做家务，比如洗米、挑菜时，常常需要用到小肌肉的精细动作。而当家长在忙时，宝宝常吵着要人陪，这时不妨也让宝宝一起来做类似的动作，让他觉得他也像大人一样在帮忙做家务，这样他会很高兴、而且不吵闹，同时你又可以顺利做完家务，可谓一举两得。洗米时，你不妨也给孩子一小撮米，让他模仿你的动作，或是将米粒从一个容器捡到另一个容器。这样的活动孩子会全身投入去做。

捡垃圾。一岁半左右的小朋友喜欢在地上捡一些小纸屑或垃圾，所以当你在清洁打扫时，不妨请他帮你将一些小纸屑、垃圾丢进垃圾筒里。

撕纸条。如果你有要丢掉的废纸，不妨先让一岁半以上的宝宝练习将废纸撕成细细长长，或是揉成小小一团，然后再丢到垃圾筒。这样的练习能锻炼小手的协调性和稳定度。锻炼小肌肉的活动有：剪纸、泥工、折纸、绘画、编织、演奏、搭积木、插片、打弹子、翻绳等。

四、让宝宝在亲子游戏中学习动作技巧

皮亚杰认知发展理论认为 0~2 岁为孩子的感知运动阶段（出生后至 1.5 岁、2 岁）：这一阶段幼儿只有动作的智慧，而没有表象与运算的智慧，他们依靠感知运动的手段来适应外部环境。从这一层面看，2 岁前发展宝宝的动作就是发展宝宝的智慧。

1 岁以后宝宝刚刚学会站立和行走，可以进一步学会各种动作，他们活动的范围扩大了，随之而来的是开始有了独立性的萌芽。爸爸妈妈这时会明显地感觉到能自由活动给宝宝所带来的无比喜悦。这时的宝宝对一切都充满好奇心，有一种喜欢活动、喜欢探索的冲动。爸爸妈妈对他的温情和爱抚，此时在宝宝的眼中已经不如以前重要了，甚至连关怀也变成了一种"限制"，宝宝对此不愿意接受。所以，爸爸妈妈不妨适当地放开手，布置一个适合宝宝运动需求的环境，和宝宝一起来做运动。

亲子游戏能让宝宝边玩边动，边乐边动，是促进宝宝动作技能发展的重要活动。锻炼 1~2 岁宝宝的运动能力时，家长如果以亲子游戏的形式开展，宝宝能主动全心投入。有趣、简单的亲子小游戏既可以锻炼宝宝的认知、语言、运动、交往等智能，也让宝宝玩得开心快乐，一举两得。

1~2 岁幼儿大脑皮层中兴奋过程占优势，并易于扩散和转

移，情绪波动大，心理状态不稳定。如好动、注意力易分散、理解能力差。因此，应选择动作简单、节奏明显和说、唱、听、动相结合的游戏，加强自己的协调、平衡能力，还要配合运动训练游戏，初步训练宝宝的模仿能力和语言表达能力，要有意识地让宝宝辨认简单事物，丰富宝宝的思维能力，使宝宝的各个器官发育得更健康，使宝宝能够真正地在活动中得到发展。可选择眼、手协调的游戏，如手指体操、捏橡皮泥等；眼、脚协调的游戏，如踢滚动球、踢球打目标等；听觉游戏，如对语言、音乐等刺激作出反应等；本体感觉游戏，如侧滚、驮物爬、两腿两足夹物走、拍球等。

父母与幼儿亲子游戏的过程中，既有全身范围的动作，又有局部范围的运动，其中具体的包含了如爬、走、跑、跳、踩、钻、攀爬、躲闪等等一些基本的动作技能。这些看似简单的游戏能够让幼儿的身体器官和神经系统得到充分活动，加快体内的新陈代谢，使幼儿的肌肉与骨骼得到适当的伸展与锻炼，促进其肌肉与骨骼的发育与成熟，而一些游戏可以使幼儿身体得到控制，对手眼协调锻炼以及手部精细动作的成熟有着促进作用。

五、亲子游戏

（一）放进去，倒出来

游戏目的：协调手的动作，训练宝宝手眼配合的能力。

游戏方法：准备一个彩色的皮球和一个纸盒，引导宝宝把皮球放进盒子，再让宝宝随意把皮球倒出来；再放进去再倒出来……反复做下去。如果宝宝玩皮球玩腻了，可以换一种其他玩具继续玩。

（二）推车走

游戏目的：训练宝宝走的能力。

游戏方法：宝宝双手扶着适合他高矮的小车，你在前面拿着玩具，吸引宝宝推车往前走。当推到你面前时，将玩具放在小车里，可继续推车向前，边走边放玩具。

（三）投掷

游戏目的：练习向前投掷物品的动作。

游戏方法：选一个适合宝宝玩的球（小皮球、乒乓球），指导宝宝不扶东西、将手举过肩用力将球向前抛。妈妈可以与宝宝一起玩，以激发起宝宝的玩乐兴趣。

（四）装小球

游戏目的：锻炼宝宝手的灵活性。

游戏方法：事先准备一只盒子（可以是废玩具盒），在盒盖上挖一洞，洞口的大小视球而定，能装入球就可以。另外准备一只装小球用的小盒。教宝宝用手抓起小球，从洞口处放入盒内。也可用纸团代替小球。

（五）抓豆豆

游戏目的：训练宝宝手的小肌肉运动。

游戏方法：这个游戏的前提是宝宝双手能随意抓握。妈妈在碗里放些黄豆或绿（红）豆，教宝宝能一把抓起豆豆，然后把手松开，让豆豆从指缝里漏出掉到碗里。可以边抓边说："黄豆绿豆，吃了长肉。"玩时要注意不能让宝宝将豆子放进嘴里，以防呛进气管。

（六）玩拖拉玩具

游戏目的：锻炼行走能力。

游戏方法：妈妈在前面牵引能发出响声的拖拉小鸭，边走边说："宝宝追上小鸭子了！"让宝宝在后面慢慢追着玩具走。妈妈可故意停下脚步，让宝宝捉到玩具，并给予鼓励。还可以让宝宝和妈妈互换角色，宝宝拉着玩具在前面走，妈妈在后面追："小鸭、小鸭等等我。"

（七）滚球

游戏目的：通过滚球游戏，训练宝宝手眼协调的能力。

游戏方法：妈妈先做示范，用双手按住球，球不宜太大。再把球用双手推出去，让球滚到宝宝面前。然后再引导宝宝学会用双手按住球，再把球推出去。妈妈可以和宝宝互相滚球，滚球的距离逐步加大，由1米左右增加到3米左右，要求宝宝能准确地把球滚到妈妈面前。

（九）跟妈妈学

游戏目的：让宝宝模仿简单好玩的游戏，提高活动能力。

游戏方法：对着宝宝说："现在妈妈要做很多动作，你也照着妈妈样子做，好吗?"边说边示范。（1）举手晃动，喊道："欢迎，欢迎，热烈欢迎!"让宝宝跟着做。（2）做拍手动作，引导宝宝说："你也拍拍手。"（3）"啊! 真热!"把一只手放在头上遮太阳，再把两手重叠放在头上，宝宝的手不重叠也可以。（4）用胳膊画圆圈，左右胳膊轮换做。（5）把球放在两个人中间，互相踢着玩。（6）两手持球顶在头上。

图1-51　看我会玩不会玩!

（十）玩套盒

游戏目的：协调手的动作，训练宝宝初步的思维能力。

游戏方法：准备套盒一组（能买到玩具套盒最好）。妈妈先做示范，教宝宝把小盒放到大盒里面去。开始用大、中、小3个盒，逐步增加到由大至小5个盒。

图1-52　宝宝边玩耍边思考。

第二节　1~2岁幼儿的情感与社会性教养要点

一、让宝宝感受亲情和愉快的情感

快乐是一种积极的情感体验，是否拥有快乐的情感对幼儿的身心发展有着极其重要的意义。

（一）在宽松和谐的情感环境中互动

生命的成长需要宽松和谐的氛围。只有在和谐的氛围里，幼儿才能乐于运动、乐于表达、乐于交往、乐于观察、乐于体验，生命的潜能才能得到充分挖掘，幼儿的表现力、创造力才会源源不断地流淌。教育具有使生命获得快乐成长的责任。因此，家长需要为宝宝创设宽松愉快的生活气氛和充满关爱的精神环境，能使宝宝经常处于积极的情绪情感状态。良好的生活环境，合理有规律的作息制度，无压抑感、充满关爱、激励的情感气氛，使幼儿感到安全和愉快，产生亲切感，易于接受教育影响。在这样的环境中生活和学习，幼儿才能思维敏捷、想像丰富、活泼开朗、充满自信和创造。

1. 满足幼儿的情感需求

采取与年龄相适宜的问候方式，满足幼儿的情感需求。1~2岁的幼儿非常喜欢家长的拥抱、抚摸式的问候。通过与宝宝肌肤相亲，家长柔和的语气、亲切的眼神、愉悦的表情能给宝宝快乐的慰藉，让宝宝感受阳光般的温暖和亲情。

2. 满足幼儿的情感交流需求

采取与个性相适宜的互动方式，满足幼儿的情感交流需求。冷淡式、命令式、权威式的互动方式极易导致宝宝对家长的畏惧，心情易处于紧张压抑的状态。要使宝宝保持快乐的情绪，家长宜采取鼓励式、感染式、亲情式、回应式的互动方式。同时，对于内向胆小的宝宝，家长主动发起的亲切问候更似灵丹妙药，使宝宝倍感关怀，不管家长在不在身边情绪也特别稳定、愉快。1~2岁的宝宝大多活动能力还不是太强，对周围不熟悉的环境和事情表现出胆怯的心理，多数会躲得远远的，见到陌生人就低头不说话，不积极参加活动，总心事重重的，拒人于千里之外。如果家长给以鼓励、牵手、协助，宝宝就会增加爱的力量，从而直接、真诚、大胆地体验愉快的情绪情感，感受被尊重的快乐。

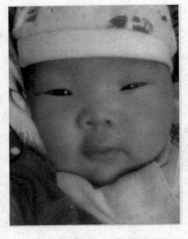

图1-53 宝宝已做好了吃饭的准备。

（二）创设丰富多彩的教育情境

情感的获得是以丰富而美好的体验为基础的，在快乐情感培养过程中，家长要创设丰富多彩的教育、生活情境，让宝宝身临其境地感受与体验。体验是他人无法替代的，体验中的宝宝是主动积极的，有着自我的参与与内心的独特感悟。

1. 调动宝宝多种感官充分体验

家长将大自然当做活课堂，将大社会当做活教材，把宝宝带入大自然中，在观察、探索、发现中获得无穷的乐趣与智慧，获得直接的丰富的体验。如一位家长带着2岁的宝宝去农业科技示范园，准备让他参观菜地、观察农民伯伯是怎样劳动的，让他体验自己在菜地劳动（择菜）的感觉。下车后，宝宝手脚并用，小心地向下移动，走过又斜又窄的小土坡，到达菜地。他的裤脚沾满了泥，因为刚下车滑倒在地，现在他的眼旁还挂着刚才的泪，但是到达菜地时宝宝的脸上就露出了胜利的笑容。看见农民伯伯用成排的喷雾状水管浇水，宝宝好像有了新的重大发现，兴奋地大叫：喷泉、喷泉（因为在广场上曾经看到过喷泉）。然后蹲下去把青菜从地里拔出，放进自己带来的小水桶里，那种专注、投入、热情、兴奋让家人始料未及。经过跌倒、爬起让宝宝体验到了克服困难的快乐，看到浇水情景让宝宝体验到了接触新鲜事物的快乐；自己亲自拔菜，让宝宝体验到了亲自参与劳动的快乐。

2. 引导宝宝充分体验游戏的快乐

游戏是幼儿体验快乐的重要途径。如一位家长就曾经在家里和宝宝玩过小猴商店的游戏。家长找一些常见物品作为出售商品，摆好后招揽生意："大家快来看呀，我的商店有很多好东西，有彩笔、画纸，有弹力球、不倒翁，还有……"宝宝听到这些吆喝声非常兴奋，就跑到家长跟前，伸手拿喜欢的东西，这时候另一位家长一边告诉宝宝交易规则，一边引逗宝宝自己表达，宝宝乐此不疲，经过几次训练以后，宝宝由买方可以变为卖方，由被动变为主动，通过游戏体验到了成人买卖生活的趣味与快乐。

图1-54　宝宝，准备开饭了。

创设宽松和谐的情感环境，需要家长教育策略。这种策略不仅源于家长的认识，更源于家长对宝宝的细致观察、爱心、用心。家长只有时刻关注宝宝的情感需求，才能读懂宝宝，进而尊重、理解宝宝，为宝宝创设宽松和谐、温暖的环境，产生良好的双向互动，让宝宝快乐成长。

二、帮助宝宝学习表达情感与需求

（一）宝宝的需求与情感。

概括起来，宝宝的需求有营养的需求、情感的需求、认知的需求、游戏的需求、交往的需求、安全的需求，这些基本需求得到了满足，宝宝就会感到幸福快乐。现实中有些家长往往会以自己的需求来代替宝宝的需求。有些家长往往会说，自己给宝宝买了最好的玩具，宝宝怎么还不感到幸福快乐呢，其实宝宝的幸福快乐是什么，家长并不知道。这就需要家长帮助宝宝正确表达情感与需求。在营养的需求方面，比如宝宝想吃什么，宝宝要喝水这是基本的需求。比如说宝宝吃饭没吃饱，家长要教孩子说"奶奶，还要""想喝汤""还要吃

图1-55 看，我像个七品芝麻官吧。

饭，要喝水"等，这是他获得营养的基本的需求。还有宝宝有交往的需求，他想跟小朋友玩，有的小朋友不愿意跟他玩，1~2岁的宝宝会不由分说用手去夺别人玩具，家长就要想法给宝宝创造条件，比如：带上自己的玩具很快就能融入别的玩伴中。还有就是情感的需求，就是宝宝希望爸爸妈妈关照他，有时候父母忙自己的事，宝宝一天见不到，他会很孤独，家长应该亲切的抚摸宝宝的头，给他一个亲切的微笑，还可以亲他的小脸蛋，这样的宝宝一天都会高兴。还有宝宝有安全的需求，让他感到一种安全，就不会惊慌失措。

（二）教宝宝表达情感与需求的方法

1. 创造好的亲情氛围

首先要创造一个充满关爱、自由、愉快、温馨、和谐的亲情氛围。在现实生活中，比较内向的、胆小的宝宝，往往不善于表达自己的需求。如果家长再争吵不休，经常指责训斥宝宝，那么他见到父母惧怕三分或带着伤心的负面情绪，怎么可能毫无顾忌地表达自己的需求呢？曾经看到一个2岁多的孩子因为上食品店

台阶摔倒，家长拎起一只胳膊照屁股上就是一巴掌，还大声训斥道：告诉你小心，就是不听。孩子经家长这一"教训"，"哇"地大哭起来，走进食品店如何能正确表达自己想吃东西的需求呢？

2. 在日常生活中进行说话的教育和训练

首先让宝宝学会倾听，宝宝说话是从听开始的，是先会听才会说的。所以父母要以身作则，用正确的语言说话。家人们之间的对话，对于宝宝来说就是一种榜样的教育，他会去倾听，并且进行模仿。特别是母亲跟宝宝接触是最多的，宝宝会从母亲那里学到更多的东西。其次，就是父母要教给宝宝简明易懂的表达语言。1～2岁的宝宝表达能力还有限，家长教宝宝用简单明确、易懂的语言说出自己的需求，就会形成一种良好习惯。比如家长看到孩子想要水果的表情时，不要只拿给宝宝就了事，可以在拿的同时，跟宝宝说"我要苹果"，说几个字时表情可以夸张一点，同时要加长音加以强调。训练一段时间，宝宝有什么需求就会主动表达，然后家长来满足，形成良性双向互动。

3. 提高宝宝的语言表达能力

家长还可以通过听故事，讲故事，念儿歌等等，丰富宝宝的知识，提高宝宝的语言表达能力，只有宝宝的知识丰富了，语言丰富了，他才更容易表达。

4. 鼓励宝宝的表达需求

家长要鼓励宝宝，大胆的表达需求。当宝宝说，妈妈我要小汽车，这个时候妈妈应该及时的赞扬鼓励：宝宝真棒，宝宝想要什么，就跟妈妈说，你一说妈妈就明白了。

图1-56　宝宝在讲演。

5．通过游戏让宝宝来学会表达

2岁左右的宝宝可以在游戏里模仿成人的一些行为，来表达自己的愿望和感受。比如说宝宝会用他最喜爱的角色跟娃娃进行交流："宝宝，妈妈现在喂你饭了"，"宝宝我是医生，我给你看病了"，通过这种娃娃家的游戏，跟娃娃一起进行交流，这样培养了宝宝的表达能力。这种表达习惯形成后，宝宝的各种情绪和不同需求都可以通过合理的表达得到圆满解决，对形成良好性格有极大帮助。

（三）培养宝宝正确表达自己的需求应注意的问题

1．表达要规范

1~2岁宝宝用语言表达需求的时候，开始说的不完整，意思可能也表达不清楚，甚至有些口吃，家长不要着急，要耐心，让宝宝慢慢地说，并且家长不去重复宝宝不正确的说法，比如说宝宝最喜欢说果果、饼饼，这是不规范的，这是一种儿语，家长应该用正确的语言告诉他，宝宝你跟妈妈说，我要吃苹果，我要吃饼干等。

2．不要限制宝宝的情感需求的表达

1~2岁宝宝的哭啼，饥饿的喊叫，再到心情沮丧的抽泣，都是在表达他们的需求和情绪。长久体验过后，宝宝才能了解身体各器官的用处，才能掌握自我情绪的控制与输出，同样也会关注他人的需要与情感。"不许哭！""不许碰！""不要拿！"如此多的不许、不准、不要，不给宝宝情绪发泄的空间，不让他们表达需要，长此以往，宝宝的需要总不能满足，就会形成许多负面情绪，就不容易体会到情绪带给人生的正面意义，从而影响健全人格的发展。

三、创设环境，满足宝宝的探索欲

（一）创设多元素的环境

创设富有情景的环境。家长创设的在同一主题背景下有联系的、富有情境的环境，有利于幼儿相关经验的整合获得与运用，会形成探索的动机，并在与其互动中产生新的活动。家长可以废物利用来创设环境。比如我们在包装家电的纸箱上挖一个洞，这就是小熊的家了，家长将主题内容融在这个环境之中，可以与孩子共同进行"熊的故事"的游戏，家长可以用裁下的硬纸片画三只小熊的头，在熊房子上挂出三只熊。孩子见了，情不自禁地喂熊宝宝吃"饼干"、还可以想象以"熊妈妈回来了"、"熊宝宝锻炼身体"等为主题的"熊故事"。随着活动的开展，"熊的故事"深深吸引宝宝。孩子在这样的情景活动中，不断探索发现，提高想象、认知能力。

围绕主题创设问题情境的环境，在环境中形成一种不确定的因素，诱发宝宝的好奇心与探索欲。1～2岁宝宝的认知能力还有限，家长可以将常见的宝宝熟悉的物品的一部分画出来，比如画茶杯、雨伞、冰箱的一部分贴在家中墙壁上，让孩子根据这些内容去探索与拼搭，使孩子在操作中能运用已有的经验将不同的物品区分开来。他们在问题情境的驱动下，各自自由地探索，并运用已有的经验去获得更多的认识。

（二）创设立体性的环境

创设立体的活的环境，吸引1～2岁的孩子。对1～2岁宝宝来说，平面的环境是死的，而立体的是活的。家长应重视创设地面、桌面、墙面三面一体的环境，如"汽车开来了"，地面上铺着纸板，墙面上贴上画的各种车身，可让宝宝为其配上车轮，桌面上有实物车和各种手工制作材料等让孩子做做玩玩。孩子一进入这样一个富有情境的立体的环境，用不着家长的语言推动，就会跃跃欲试主动地融入活动中去。

创设展示幼儿成长足迹的环境。比如一位家长带宝宝到省科技馆游玩，回来后就以"科技馆"为主题，将孩子在科技馆玩到的小小指挥家、魔术屋、滑轮组、漂浮的球等照片呈现在家里的墙上、桌上、柜上，再配上简短的文字提示，将宝宝在游玩过程中有价值的探索与表达、体验与发现立体化地呈现于家庭环境中，宝宝能从环境中完整地获得活动中的经验与概念，促使其探索意识与自主能力不断增强。

（三）提供生活化的活动材料

生活中的材料具有多样性、可取性、随机性，可变性，让宝宝充分自主、自助选择材料、重组材料，在材料组合的过程中进行创造性的探索与发现。

比如带宝宝去看火车后他对铁轨有了初步印象，回到家里，引导宝宝也来铺设铁道，用什么材料呢？家长为他选择硬纸板，当爸爸和宝宝铺了一条长铁轨后，在上面画上铁条和木头。一切完工后，又找来了塑料小火车开上了铁轨。多元化的生活材料，为宝宝创造性地表达以及经验的获得与运用提供了舞台。

图1-58　宝宝玩耍也专心。

再比如同样是制作太阳，妈妈带着宝宝有时候用手工纸撕贴后围着圆圈粘贴；有时候用棉签蘸水粉颜料涂染；有时候用毛线把圆圈围起来，表示太阳宝宝的围巾。在家长的灵活变化带动下，孩子的想象力、创造力充分发挥。

四、让宝宝学习照顾自己

（一）从心理发展方面分析怎样让宝宝学习照顾自己

美国发展心理学家埃里克森表示，1~2岁是孩子获得自主感而避免怀疑感阶段。孩子在0~1岁阶段处于依赖性较强的状态下，什么都由家人照顾。到了第二阶段（1~2岁），开始有了独立自主的要求，比如想要自己穿衣、吃饭、走路、拿玩具等，他们开始去探索周围的世界。这时候，如果父母及其他照顾他们的

成人，允许他们独立地去干一些力所
能及的事情，并且表扬他们完成的工
作，就能培养他们的意志力，使他们
获得一种自主感，能够自己控制自己。
相反，如果父母及其他照顾他们的成
人过分爱护他们，处处包办代替，什
么也不需要他们动手；或过分严厉，
稍有差错就粗暴地斥责，甚至采用体
罚的方式。比如，宝宝由于不小心打
碎了杯子，尿湿了裤子，家人就对其
打骂，使宝宝一直遭到许多失败的体
验，就会产生自我怀疑与羞耻感。

图1-59 我在看动画片哩。

（二）从能力发展方面分析怎样让宝宝学习照顾自己

2岁宝宝的听说能力有了一定的发展，基本上能明白大人的
话了；四肢活动、手的抓握及小手指的配合能力也比较强了；手
眼已经能够互相协调起来，具备了独立做事的能力。而且，这时
宝宝进入第一反抗期，从主观上愿意尝试，很喜欢说不，以拒绝
父母的帮助，父母何不顺水推舟呢？

（三）训练宝宝照顾自己的方法

会吃、会喝、会穿，会玩、会洗刷等等，这是宝宝必备的生
活能力。

1. 会吃

吃饭前，给宝宝穿上罩衣，抱到高点儿的凳子上，就餐桌坐
好，把饭端给孩子，勺子交给他自己掌控，刚开始宝宝可能搞得
满桌、满地、满身都很脏，家长不必埋怨阻止，这正是孩子自我
照顾、自我独立、自我探索的过程，随着年龄的增长和控制力的
提高，你会发现孩子的握勺吃饭能力越来越好，如果引导到位的
话，甚至桌上掉一粒米他也会捡起来吃掉，讲究卫生的习惯会自
然而然地建立起来。

2. 会喝

喝水时可以为宝宝准备一个有两个手柄、杯盖上有个突起的小嘴儿、嘴儿内有小洞的水杯。宝宝双手握杯，将杯子举到嘴边用力吸，一段时间后，取下杯盖直接喝。熟练掌握了这个技能，宝宝下一步的任务就是学着从饮水机上接水喝了。一段时间后，宝宝即使自己用碗端水喝，也不会洒在地板上。

3. 会穿

每天上床前由宝宝自己脱衣服，家长可以传授要领：手放在腰部，用力往下推。学会了脱再学穿：两脚伸进相应的裤腿，两手用力提裤腰。裤子最好是松紧带的，学起来容易些。也可以在游戏中学系扣子，引起宝宝的兴趣，比如给娃娃、小熊等穿上衣服，将扣子伸进对应的扣眼中。这比单纯学习穿衣服有意思，效果还好。

4. 会睡

培养宝宝自己睡。无论是白天还是晚上，都尽量让宝宝自己睡。开始，宝宝很不情愿单独躺在自己的小床上，妈妈不妨采取循序渐进的方式，比如说："你静静地躺着，过2分钟我就回来。"2分钟后准时回到宝宝身边，然后再对他说你3分钟后回来，反复几次，时间一点点延长。当你不在的时候，留下音乐或故事给他听，在轻松的心态下，孩子容易入睡。

图1-60　宝宝阳光，无时不快乐。

5. 会玩

自己动手收拾玩具。宝宝拿出很多积木和布娃娃出来玩，玩完以后妈妈可以让宝宝把这些玩具收拾好。宝宝可能会不愿意收拾，妈妈可用游戏的方式让他把玩具放好。比如妈妈可以说："布娃娃该吃饭了，让它回家吧！"等等。宝宝在刚开始的时候可能不会收拾，父母还可以说，我们一起来收玩具吧。这种促进效应会降低宝宝的为难情绪，如果再进行归类指导，很快他就能收拾得很好。

6. 会洗刷

洗洗刷刷。准备孩子用的毛巾和一盆温水，妈妈先给孩子示范用毛巾洗脸、脖子、耳朵的方法和技巧，然后让孩子自己用毛巾洗脸。当孩子洗完以后，妈妈要夸一夸他，比如："洗得真干净！"让孩子学会洗脸，可以进一步培养他的自理能力。

五、扩大交往范围，培养宝宝的交往意识

（一）看别人玩

家长也可以带宝宝到陌生的小朋友中去玩，这时候家长可能希望宝宝能与别的小伙伴交往、游戏、玩。但有些宝宝往往不能马上融入陌生朋友中去，喜欢看别人玩，却不参与。其实大多数宝宝都要经历这样一个阶段。宝宝的交往与其年龄有着密切的关系。幼儿在游戏中的交往是从3岁左右开始的。而1~2岁的宝宝独自游戏比较多，宝宝彼此之间没有联系，以后慢慢在游戏中互借玩具，彼此之间的语言交流及共同合作才逐渐增多。这是一个扩大交往的过渡期。

爱看其他孩子玩对发展宝宝的观察能力大有益处。通过观察，宝宝可以学会和提高参与各种活动的能力。所以当家人发现宝宝喜欢观察周围儿童的游戏时，应感到高兴，并同时为他提供各种观察的条件和机会。若宝宝观察时注意力较集中，由无意注意转向有意注意，这正是他想参与活动前的准备。对待宝宝的这一表现，家长千万不可操之过急，应尊重宝宝的发展规律。

（二）试着与小伙伴一起玩

慢慢地宝宝想和其他小朋友一起玩的愿望越来越强烈。一见到别的小朋友，宝宝就会表现得很高兴，他会与人家手拉手、摸摸人家的脸，或彼此相视而笑。在家长的引导下，两个宝宝还能在一起玩上片刻。虽然他们在一起玩时往往是各玩各的，看似互不相干，但有小

伙伴在场时，宝宝玩耍的兴趣和效果却不一样。有小伙伴在场时，宝宝能用一个玩具做出更多的游戏动作，玩的时间也更长。

　　同时，在与其他宝宝一起玩耍的过程中，宝宝开始意识到同伴的存在，学习如何配合别的宝宝进行初步协调，也会观察、模仿别的小伙伴的玩法。宝宝对玩具只分喜欢或不喜欢，而不去考虑是不是属于自己，所以抢夺玩具的情形经常可见，这是因为这阶段的宝宝还没有形成"所有权"的概念，在他的心目中，从别人手中取得的玩具与从自己玩具架上去拿玩具没有什么差别。为防止宝宝之间发生不愉快，最好给宝宝带一件玩具，教他用自己手中的玩具跟别人换。如果宝宝表现得太好强，总是抢小伙伴的玩具，可让他与大一些的宝宝一起玩，这样他就会收敛一些，学习控制自己的愿望和行为，这是孩子学习成功交往的开端。还有些宝宝不愿把自己手中的玩具给别人玩，对于这一年龄段的宝宝，这种表现也是正常的。随着宝宝年龄的增长，家长要教会宝宝在与小伙伴玩的过程中，逐渐懂得与小伙伴分享自己的玩具，并体会到这样做之后获得赞赏的愉快心情。

　　（三）在无意注意中与小伙伴玩

　　经常带宝宝到公园、广场等公共场所，公共场所有不同年龄段的孩子，彼此互不认识，心底相对放松，在这里可以让宝宝看看比他大一点的哥哥、姐姐们玩耍，他会很感兴趣。或是鼓励宝宝与他同龄大的孩子共同玩乐，因为公共的娱乐设施，可以让宝宝在无意注意中彼此很快拉近距离，家人也可以与宝宝一起加入孩子们的活动中，以激发宝宝与人交往的愿望。

　　（四）在玩中处理冲突

　　家长平常教给宝宝一些与人交往的技巧，当冲突发生时，让宝宝自己解决冲突。很多家长都这样：一看到几个宝宝起了冲突，就会立即冲上去，或斥责自己的宝宝，或指责别人的宝宝，这样，宝宝们只能不欢而散，对宝宝的人际交往能力的提高不仅没有促进作用，甚至还会误导宝宝，让他们以后也粗暴地对待冲突。建议家长看到宝宝们冲突时，先不要参与，静静地站在一旁观看宝宝是怎样以自己的方式解决的，如果解决得好，家长可以对宝宝进行鼓励和表扬；如果解决得不好，家长再去帮忙也不迟。

有时候宝宝间发生冲突，家长总会责问自己的宝宝，宝宝多半是委屈地大哭或是默不作声，这样对宝宝不好，家长应该以民主、和蔼的态度鼓励宝宝申辩，对宝宝的行为要有一个客观公正的评价，并为宝宝以后行事提出一些合理性建议。如果宝宝被人欺负了，怎么办？家长最好的做法是：找个舒适便于交流的位置和宝宝呆在一起，让宝宝顺畅地表达自己的想法，家人则认真倾听宝宝表达自己的愤怒，帮助宝宝找到正确的方法缓解他的愤怒。

（五）主动与小伙伴一起玩

家长平常多带孩子出去走走。若在乡村居住，家长可带宝宝到村头村中或邻近家，找小伙伴玩；若在城镇居住，可到游乐场里、小区里找小伙伴们玩耍，家人要鼓励宝宝主动加入进去，可以通过自带玩具、小画书、主动搭讪等方式，增强宝宝介入的主动权，这个年龄的宝宝很快会与小伙伴"混熟"，不多久就会有固定的玩伴

图1-61　大宝宝会哄小宝宝了。

了。也可以邀请邻居的小朋友或亲戚的孩子来家与孩子一起玩耍，一起唱歌，一起跳舞，帮助宝宝交朋友。

六、让宝宝了解并遵从简单的行为规则

（一）让宝宝遵从规则的简单方法

1. 明确宝宝自己的行动范围

小宝宝理解力不强，太复杂的规则会让宝宝不知所措，所以，给宝宝立规矩时，要明确告诉他具体的行为标准是什么。只

是告诉宝宝不能做什么是没有用的，还要解释清楚在什么样的情况下做某件事情是允许的。比如，豆豆很爱骑小轮车。尽管豆豆骑车的时候爸爸会在一旁看着，不过爸爸还是担心他骑到小区的主干道上，被来来往往的车撞到。于是，爸爸就在骑车的空地上用粉笔画了一条线，告诉他，不能越过这条线。豆豆每次骑到画线的地方，就掉头回来，因为他知道自己的活动范围。

2. 要用宝宝能听懂的话说明规矩

给宝宝交代规矩时，一定要把规则说得简单明了，让宝宝能真正理解家人的意思。宝宝的语言理解能力还比较有限，他们常常会自动过滤掉一些语言，只会听他们感兴趣的话。太繁琐、意思不明的指令，会让孩子困惑。例如，睡觉时间到了，明明不愿意睡觉，他总想着跑到客厅去玩。妈妈对明明叫道："你要是去客厅，就别回来睡觉了!"结果，明明真的下床去客厅玩。明明太小了，不能理解妈妈说的话的真正含义，他把妈妈的威胁看作了对自己行为的允许。

3. 要回应宝宝的疑问

2 岁的宝宝，已经有了独立意识，好奇心也很强烈，越是禁止的事情，他越是想弄个明白。所以，当家长拒绝宝宝做某件事时，很多孩子会反复问：为什么? 为什么不可以? 如果爸爸妈妈对宝宝的疑问不耐烦，没有让宝宝了解为什么不能这样做，只会让他更好奇，跃跃欲试，想要一探究竟。另外，如何回应宝宝的疑问，也是有技巧的，可以选择一个宝宝比较平静、比较容易接受新事物的时机，用简短的语言告诉宝宝，违反规则的后果是什么。

（二）家长应注意的几个问题

1. 为宝宝制定规矩

1.5 岁以后，宝宝进入自主探索期，他开始发展自己独立自主的能力，也初步具备了行为判断能力，这就为宝宝接受规矩提供了基础。另一方面，宝宝开始有了自我意识，他开始发现"什么是我要做的"，"什么是妈妈要我做的"，这个时候行为的自主意识更强烈。因此，规矩需要从宝宝2岁开始建立。为宝宝制定规矩，不等于限制、束缚他，而是要为他的行为找到更合适、更安全的方式和场合。

2. 规矩要符合宝宝的发展实际

制定的规矩，要符合宝宝的发展规律，不要苛求宝宝。制定的规矩，一定要适应儿童的发展规律。比如，对于一个2岁左右的宝宝，要求他每天在爸爸妈妈做晚饭时，安静地坐上半个小时，不喊叫，不吵闹，不捣乱，这显然不现实。

3. 循序渐进反复提醒

家人常常抱怨宝宝不长记性，老犯同样的错误。这是由宝宝的特性决定的，千万别指望只说一次，就能让宝宝了解规则。建立规矩不能一蹴而就，随着宝宝心智的发展，理解力、自制力的提高，宝宝会慢慢学着遵守。

4. 为宝宝创造一个有利于遵守规矩的环境

家长给宝宝树立规矩，是希望宝宝能养成好的习惯，而不是为了惩罚宝宝。所以，父母要为宝宝创造有利于遵守规矩的条件和环境，而不是简单地指挥宝宝，当宝宝的评判官。比如，我们让宝宝按时上床睡觉，那么就要为宝宝创造一个舒适的睡觉环境和氛围；家长想让宝宝看书的时候专注一些，就要给宝宝提供一个安静的、没有干扰的空间。宝宝做事情缺乏目标，经常会受到外界各种诱惑的吸引，所以，在要求宝宝遵守规矩的同时，家长也要给他们创造相应的环境。

5. 贯彻始终，减少例外

在教育宝宝守规矩时，家长的态度要始终如一，规则统一。比如，到了规定的上床睡觉时间，贝贝要求再吃一块巧克力，如果妈妈拒绝，贝贝就会大声地哭起来。这时，妈妈会感到很为难，一方面她不愿意让贝贝的哭闹影响家人的休息，另一方面，同住的爷爷奶奶听到贝贝的哭声也会来"解救"。于是，妈妈只好放弃。另外，有时候她自己还会心怀内疚，认为自己对孩子太严厉了。结果贝贝妈妈就成了一个左右摇摆的执行者，心情好时，她会妥协，心情不好时，又会对贝贝严加指责。规矩不是不能被打破，但是一定要让宝宝知道例外是在什么情况下发生的。宝宝不明白，同样一件事为什么有的时候可以做，有的时候又不可以做。而这种困惑，只会让宝宝不停地去试探家长的底线。最后，执行规矩的过程就成了宝宝和家长之间的拉锯战。

6. 以身作则，家长自律

要求宝宝做到的，父母首先要做到。这句话说起来容易，做起来难。想一想，家长若要求宝宝吃饭的时候专心一点、速度快一点，而家长能一边吃饭一边看电视吗？家长不准宝宝多吃零食，家长抵不住垃圾食品的诱惑能行吗？宝宝是天生的模仿者，家长的行为，不管好的、坏的，宝宝都会模仿，所以要想宝宝怎么做，家长就先做给宝宝看。

家庭教育的成败往往在方寸之间，缺乏规则的成长一定是不完整的成长。家长爱宝宝，就不要忘了告诉宝宝，他应该遵守的规矩。

七、让宝宝体验分享与关爱

（一）让宝宝体验分享

1. "自我中心"意识

"我的"，2岁的丁丁大声喊道，手里还抱着从小伙伴那里抓过来的洋娃娃。妈妈刚把儿子安抚好，突然一声"不"，丁丁又抗议小伙伴拿起他最喜欢的球，不让小伙伴在地板上滚球玩。如果继续这样，妈妈担心最后将没有一个小伙伴愿意和丁丁一起玩。养育宝宝的过程，也是让宝宝不断社会化的过程。每个宝宝都要从自我中心的状态走向社会化的过程。交往与分享是宝宝的早期成长经验，分享心理和行为的培养需要一个渐进的过程。

尽管宝宝们的这些小插曲可能让妈妈苦恼，但妈妈最好还是以通达的态度来看待这些生活中的小事件。丁丁的举动完全符合一个 2 岁宝宝的世界观。在 2 岁宝宝的世界里，他自己的东西或者任何让他迷恋的东西都是他自我的延伸。他开始懂得拥有，他正在发展强烈的自我感，于是"我的"和"不"成为 2 岁宝宝最喜欢使用的词。

当然，也会有个别 2 岁宝宝出于天性，愿意把自己的小饼干、气球或者其他玩具慷慨地给予自己的小伙伴，但绝大多数宝宝占有欲变得很强。因此，2 岁左右的宝宝从心理发展上来说，还没有做好分享的准备。总的说来，分享是一种需要学习的情感和行为，妈妈可以尝试着鼓励宝宝去养成分享的美德，在生命之初，为美好的情感和品德打下基础。

2. 练习轮流做事

在宝宝晚上入睡前，妈妈给宝宝讲故事的时候，可以自己翻一页书，再让小宝宝翻一页书。小宝宝白天玩耍积木时，妈妈搭一块，宝宝搭一块。小宝宝做拼图的时候，宝宝拼一块，妈妈拼一块。小宝宝玩汽车的时候，宝宝推一下，妈妈推一下。通过这样的一些活动，让宝宝理解到"轮流"的含义。此外，也可以尝试"你给我拿"的游戏。妈妈抱抱宝宝的玩具小熊，然后把小熊给宝宝抱抱，再让宝宝把小熊还给妈妈抱抱。妈妈亲吻玩具小熊，然后把小熊给宝宝亲吻，之后宝宝再把小熊还给妈妈亲吻，如此轮流继续。这样的活动与游戏会让小宝宝渐渐明白轮流做事以及分享是很有趣的事情，暂时把他的玩具拿出来并不意味着要永远失去这个玩具。

3. 体验分享的情感

当小宝宝们在一起玩耍时，妈妈有必要帮助小宝宝去体验与分享相关的情感。比如，一个小伙伴紧紧搂着玩具小车，不让宝宝去碰，这时妈妈可以跟宝宝说"聪聪真的很喜欢这个小车，他就想这样抱着车。"让宝宝体会小伙伴的感受，然后，再让宝宝用语言向伙伴表达自己的感受，"我知道你喜欢这个车，你先玩儿吧。"如果通过这样的情感体验和语言引导后，小宝宝确实不再去争抢那个小车了，妈妈应该给予特别的肯定。肯定的方式可以是游戏结束时，给小伙伴们分些糖果，并且要明确表扬小宝宝在这件事情上的让步。这样，还能让小宝宝体验到和朋友们一起分享糖果是多么快乐的事情。

4. 鼓励分享的微小举动

两岁的小宝宝有时候会向别人展示他们的玩具，甚至会允许别人触摸一下这些玩具，但不允许别人真的把这些玩具拿走。这个时候，妈妈要及时鼓励小宝宝这种具有分享意义的微小举动，告诉他"你真是个乖宝宝，把玩具拿出来给大家看。"当宝宝受到妈妈的鼓励后，他往往会获得充分的信任和安全感，这样，他反而不会紧紧握着自己的玩具，自然而然地把手松开。这就为以后逐渐培养分享行为打下了基础。

5. 母子间体验分享

妈妈对宝宝表现得很慷慨，小宝宝往往也容易模仿。因此妈妈吃冰淇淋时，可以让小宝宝分享一点儿，妈妈的丝巾可以让小宝宝系系。同样，妈妈也可以问问小宝宝，自己是否可以戴戴她的发卡，自己是否可以尝尝他的蛋糕。这样做的时候，使用"分享"这个词，让宝宝明白这些愉快的体验叫"分享"。此外，妈妈还可以让小宝宝明白很多无形的东西也是可以分享的，比如一种情感、一个好主意或者一个动听的故事等。最重要的是让小宝宝看到妈妈在生活中，也总是给予别人很多东西，从家里拿走一些东西，有时候不得不妥协，有时候把珍贵的东西拿出来与人分享。长此以往，小宝宝会懂得分享是让生活更加美好的一种情感和行为，自己也渐渐变得善于分享并乐于分享。

（二）让宝宝体验关爱

1. 创设关爱的家庭环境

家长还要给宝宝创设一个团结互助，充满爱心的家庭环境，让宝宝生活在这种环境中有助于他们的爱心发展。比如：全家人（父母及祖辈）围坐在沙发上，茶几上放有果盘和几只不易碎的杯子，杯中各盛一半水。给孩子戴好帽子和围裙，鼓励孩子为大家送水，让宝宝双手端着杯子，一一送到家人手中，边送边学说："请××喝水。"家人应答："谢谢宝宝！"

2. 将孩子的爱心延伸到家庭之外的人或事物中去

比如在与小朋友交往时，小朋友哭了，家人应该鼓励宝宝去抚摸小朋友，或是拍拍小朋友，或是把自己的玩具给小朋友玩，安慰他别哭；平常自己在吃东西时，鼓励宝宝把自己的东西分一半给小朋友。还可以将爱心延伸到动植物身上去，平常教育孩子不要虐待猫、狗等动物，不攀折花园内、公路边的花草树木，要爱护植物。

3. 建立友谊

如果同时有几个宝宝在一起玩，让他们在一起做游戏，相互帮助，建立友谊。也可以引导他们玩一些找朋友的游戏，比如可以让宝宝们手拉手围成一个圈，一起唱歌，一起做游戏："找呀找呀找朋友，找到一个好朋友，敬个礼，握握手，你是我的好朋友，再见！"这首简单的歌可以帮助孩子们理解"朋友"的意义，有助于他们分享愉快情绪。

4. 从日常接待中培养爱心

客人来了，家人一定要热情接待，可以对宝宝说："宝宝，请阿姨吃糖。"并与宝宝一起把糖送给客人吃；客人走时，教宝宝客气地与客人道别："欢迎下次再来。"从最亲近的亲戚开始，比如带孩子到姥姥家，到了家门口，鼓励孩子主动跟姥姥姥爷以及屋里其他人打招呼；别人跟他玩时，鼓励宝宝跟人玩，给他拿吃的时要说谢谢，临走时，要引导孩子向姥姥姥爷说再见，告诉对方欢迎有空到自己家玩。去一些有同龄孩子的朋友家做客，这样对宝宝来说更有吸引力。然后再去陌生人家做客。相信宝宝看到热情的主人时，会放松很多。当宝宝做客的经验多了，也就习惯了用同样的热情与人打交道。

八、亲子游戏

（一）我的影集

游戏目的：培养识别能力，发展自知意识，提供符号训练

游戏方法：用插入式的塑料活页夹做成婴儿影集，让他成为影集的主角。随时拿出来翻看。

（二）家庭树

游戏目的：增强记忆力，促进社交能力，消除陌生焦虑。

游戏方法：在家庭或朋友聚会之前，做一棵挂有所有参加者照片的家庭树。让宝宝一一比对，比对正确就给以鼓励。

（三）配合包扎伤口

游戏目的：调节情绪，激发想象力。

游戏方法：孩子受伤后，在他需要用绷带时，给他最喜欢的动物玩具也用上一条。可以配合语言："小熊胳膊流血了，一定很疼。不要紧，我们包扎以下就好了。"

（四）亲亲抱抱

游戏目的：发展手的动作，促使小儿与成人建立亲切友好的感情。

游戏方法：将小儿抱坐在腿上，和小儿一起玩耍，逗引小儿发笑，一边说"让妈妈亲亲宝宝的小手"，一边握着小儿的手亲吻，鼓励他学习新动作。小儿懂得亲吻的含意后，让小儿自己主动伸手给亲，亲后，夸奖几句：宝宝手真香、宝宝真乖等。

（五）打电话游戏

游戏目的：教会孩子使用电话，理解文明用语，增强表达沟通与交往能力。

游戏方法：先向孩子介绍电话机的用途；教他怎样拨号、听声、问话、答话以及对拨号音、忙音等提示音的识别；与孩子一起模拟打电话。在这个过程中向孩子传授电话用语，如：您好，请问××在吗？您好，请问找哪位？他不在，需要我为您转告

吗？对不起，您打错了等等。父母带上手机去另一间房间，让孩子试着打电话和接电话。熟练后可给爷爷、奶奶或外公、外婆打电话，让孩子体验一下。

（六）雨和雪

游戏目的：扩大词汇量，提供一种独特的触觉经验。

游戏方法：遇到下雨天气，家长带着宝宝走到室外去感受一下雨点！遇到下雪天，让雪花飞落到家长的手指上，这时要教宝宝相关的单词，并告诉他周围发生了什么。

（七）宝宝眼里的艺术

游戏目的：发展精细动作技能，是鼓励艺术创作并予以回报的一种最佳模式。

游戏方法：当宝宝画出自己的"艺术作品"之后，父母就该在他能欣赏到的高度展览他的作品。低柜应是一个合适的地方，因为宝宝能看到他自己的作品。

（八）大家一起来排队

游戏目的：培养宝宝的规则意识，发展宝宝倾听家长说话，按指令来完成任务的能力。

游戏方法：让宝宝按指令从篮子里拿出不同的小动物，按先后排好，宝宝每完成一个排序就给以表扬。

（九）拥抱与吻

游戏目的：促进语言能力发展和亲社会能力。

游戏方法：当宝宝坐在家长的大腿上时，家长应给他一个热烈的拥抱，并说单词"拥抱"；给他一个深深的吻，并说单词"亲亲"。然后再做其他动作，并逐渐扩展句子，如"在脸颊上亲一口"等。

（十）我的地方

游戏目的：训练一种安全感和信心，促进情绪调节。

游戏方法：宝宝也喜欢属于他自己的安全的地方，在家里辟出一角，放上孩子喜欢的枕头、玩具和书等，使之成为孩子的

"避风港"。让他在特定的时刻或安静的时候去那里。

（十一）眼睛长在哪

游戏目的：培养自我意识，教宝宝大小和形状的概念。

游戏方法：让宝宝躺在一张大画纸上，画出他身体的轮廓，然后让他把身体的各部分包括头发、眼睛、鼻子等填画进去。

（十二）成长的镜子

游戏目的：培养自我意识，增强记忆力。

游戏方法：把宝宝在不同年龄阶段拍的照片贴在长穿衣镜上，让宝宝站在镜子前，比较一下现在的他与以前的他的差别。

（十三）笑脸、哭脸

游戏目的：教孩子交流的方法，并使他懂得自己的情感。

游戏方法：在一张纸上画一张哭脸，在另一张上面画一张笑脸，然后按纸上的脸形进行表演；让宝宝也去做，并问他哪一张纸上的表情符合他今天的心情。

（十四）磁带上的家人

游戏目的：训练记忆力，建立听觉与视觉的联系，这是一项很温馨的社交活动。

游戏方法：录下每个家庭成员说的几句话，然后拿出每个人的照片，同时播放录音，让宝宝根据声音辨认出是谁在说话。

（十五）情绪墙

游戏目的：通过表情识别情绪，发展自我意识，提供符号意识的训练。

游戏方法：拍下宝宝喜、怒、哀、乐的照片，并把照片贴在他能看到的墙上，不时去看看这些照片，问他哪一张是高兴的脸，哪一张是悲伤的脸，家长也可以用这些照片和他交流心情。

（十六）语言的舞台

游戏目的：传授理解别人动机和目的的能力，激发想象性游戏。

游戏方法：表演一个自己最喜欢的故事，同时让孩子扮演其中的一个角色，家长扮演其他的角色，尽量采用合适的服装和道具。

第三节 1~2岁幼儿的智力开发教养要点

一、创设安全的探索环境，满足宝宝的探索需要

安全是宝宝进行各项活动的出发点。家庭内外环境的创设同样要从安全出发，只有在一个没有危险，不存在隐患的环境中，宝宝才能毫无顾忌参与到活动中去，使其自主性探索能力得到发展。

（一）物质环境

1~2岁宝宝走路还不是太稳，身体的控制能力相对较弱，加上这个时期是宝宝运动感知的关键期，所以家长应充分考虑宝宝的安全。

1. 玩具

在家中玩小零件玩具时，家长应陪同，并提醒宝宝：这个玩具不能放嘴里。到外面大型器械玩耍应由专人照看，并在玩前进行查看，保证其安全性能。

2. 宝宝生活用品

茶杯盘子毛巾用后进行消毒；被褥每周进行曝晒；被单、枕套每月清洗。

3. 陈列物

家中的摆放物品要安全，会走之后的宝宝探索能力非常强，家长不让摸的东西偏偏会激起他们强烈的好奇心，往往想尽千方百计去争取，他们会采取搬凳子、拉桌布或拿棍子等办法去拿取，因为他们对这些动作的结果没有预见性，如果家长不注意，很可能造成孩子被砸伤、划破、烫伤等严重后果。

（二）心理环境

环境不仅包括充满丰富刺激物的外部环境，也包含着内在的心理环境。

1. 亲子关系民主化

亲子关系民主化要求家长尊重宝宝，把宝宝作为活动的主体，宝宝和家人应处于和谐、平等的状态。亲子之间的民主化有益于他们之间的互动。

2. 家庭氛围良好

家庭舒适、温暖、愉悦的环境，对于心理和生理尚处于幼稚水平的宝宝来说，有助于他们获得幸福感和安全感。在这个温馨的家庭里，有利于促进婴儿自主性探索能力的发展。

二、提供适度刺激的感知环境，发展宝宝的感知能力

（一）幼儿需要游戏的感知环境

幼儿需要能够让他们"动起来"的环境，而不是强调视觉欣赏、忽视实践操作的环境。可以摆弄的材料会吸引幼儿不断操作，这符合1~2岁幼儿"思维存在于动作之中"、"尝试模仿，喜欢重复"的行为特点。

例如，家长可以利用电器包装盒、饼干盒、蛋糕盒、牙膏盒、药品盒等让幼儿充分操作。大的可以用于运动性活动，如钻、爬等；中等大小的可以用于垒高；小的可以玩"放进去、倒出来"的游戏。盒子本身的形状、颜色、材质等都是很好的认识对象，我们也可以将盒子和其他材料组合，改制成其他玩具。有时在空盒子里放一些物品，让宝宝摇动听听声音，说说里面"有"还是

图1-63　看，我也像个小博士吧。

"没有"，再打开看看、说说里面放了什么物品。用豆腐盒制作成小拖拉车，装上蔬菜、水果、积木等，让幼儿拉着玩玩、说说。

（二）幼儿需要刺激适度的环境

家长们常常发现，幼儿没有按照自己既定的程序或意图操作玩具或材料，这是由于玩具或材料的刺激超出了个体能承受的程度。目前，1~2岁幼儿早期教养中存在着把"适度"演变成"超前"的现象。

已有的研究发现，应用生活化场景和生活化材料是比较好的方式，它能把各种知识和经验联系起来，充分体现知识的横向联系。即以"生活化"为教养环境的基本形态，把教育隐含在生活环境中。用生活环境中的材料制作活动材料，把废旧物品当作玩具或改制成玩具，以辅助宝宝进行运动训练和能力开发，培养他们良好的情绪情感和社会性行为。

图片。许多广告宣传图片颜色鲜艳、印刷精美，可以改制成游戏材料，让幼儿认识日常物品、练习不同难度的拼图等。

无论我们规划、设置怎样的物质性环境，实际上幼儿最喜欢的还是人际交往活动。因此，家长要利用环境观察幼儿的活动，和他们一起活动，从而激发他们的活动兴趣，发展他们的能力。

三、学习指认事物，增进宝宝认知能力

（一）对于不会说话的宝宝

1. 在生活中经常对宝宝说出事物的名称

幼儿对事物的认识首先是从具体思维开始的，因此不管是室内还是室外的物品，只要是宝宝能够接触到的，都可对他说出这些物品的名称来，如"布娃娃"、"电视机"、"汽车"、"花"、"滑滑梯"等等。这种做法要不厌其烦，经常反复。也许家长会觉得大人对宝宝说的事物名称，他好像没有看见，也没有听见，反而东张西望。这没有关系，因为这个时期的宝宝其注意力还只停留在无意识注意阶段。家长要用"只管耕耘、不问收获"的思

想来对待宝宝。

2. 要允许和鼓励宝宝用手去探索事物

用手探索事物是上天赐给幼儿探索事物的本能，家长要鼓励宝宝用手去指认、抓摸除危险品以外的一切物品和一定范围的物品，这是宝宝认识事物的法宝。家长完全可以在宝宝的自发行为中，告诉这些事物的名称。让宝宝小手指一指、动手玩一玩。可以收集生活中的小物品，如乒乓球、小皮球、小药瓶、小药盒、小木块、小木棍、小圆盖、小圆筒、海绵块、布娃娃等等，摆成排让宝宝指认，也可以放在一个大盒子里，让宝宝动手去抓、去扔。这样他会感觉到物品的大与小、方与圆、粗与细、软与硬等各种特性。当然父母要做一个教育的有心人，与孩子一起玩，在玩中告诉他这些物品的名称。

3. 教幼儿用身体语言指认事物

周岁的宝宝有的还不会说话，但经过几个月或大半年"对牛弹琴"式的教育，他已经对许多事物有了初步的认识，加上语言理解能力有了较快的发展，因而他能用身体语言指认事物。如家人问"电视机在哪里？"他会用眼睛去找，用手去指，因此，家人要教宝宝用身体语言指认各种事物。

在户外，要充分利用宝宝记忆的形象性和直观性的特点，经常重复地对宝宝说出各种事物的名称，如"这是花，这是树，这是小鸡……"过一段时间后，家人问宝宝花在哪里、树在哪里，他就会用眼睛去看或用手去指。此时，宝宝对事物的再现能力就上了一个大台阶。教宝宝指认事物。要不厌其烦地反复去做。因为，宝宝对事物从感知到认识，再到回忆有一个过程。

4. 念儿歌给宝宝听

宝宝虽不会说话，但时常给他念一些朗朗上口的儿歌，他的大脑就会无意记住许许多多的语言符号，到了会说话以后他就会再现这些语句，跟着家人将儿歌念出来。

5. 拿出熟悉的物品

当宝宝认识了一些物品后，家长挑出两三样如"乒乓球""小皮球""布娃娃"等，放在他的面前说："把乒乓球给妈妈。""把布娃娃给妈妈。"宝宝拿对了，家长要热情夸奖；拿错了，要告诉他应该拿哪一个。当宝宝会按口令拿对一个物品后，可以试着按口令一次拿两个物品。如"把小皮球拿给爸爸，把乒乓球拿给妈妈"。在生活中，经常叫宝宝按父母的口令去拿物品，能训练宝宝对语言的记忆。

（二）对会说话的宝宝

1. 背儿歌

背儿歌一方面促进语言的发展，一方面也训练了记忆力。要充分利用宝宝无意记忆和机械记忆的特点，教他背儿歌。刚开始时，父母时常反复地念出一些儿歌，宝宝无意中就会记住一两个字词或句子，慢慢地会附和着父母将整首儿歌念出来，最后也能背出来。有的父母会说他们的宝宝小时候也背了许多儿歌和小古诗，但后来全忘了，教宝宝背这些东西好像没有什么太大的意义。这种认识是不够全面的，幼儿正是通过记忆一些概念和事物激活了大脑记忆细胞，即使以前记忆的材料忘了，但为以后记忆新信息、新材料，留下了记忆的空间。这样，宝宝认知事物的范围就会不断扩大。

2. 宝宝带路

宝宝经常在家门口进进出出，无意中记住了家门口附近的景物及特征。带宝宝回家时，可以在离家门口稍远一点的地方，叫宝宝在前面"带路"。先是从近一点的地方开始"带路"，以后逐步远一些。在保障安全的情况下，尽可能让宝宝在前面"带路"，父母在后面提示和鼓励。这种训练能够培养宝宝对事物的回忆和再现，逐渐提高宝宝的认知能力。

3. 摸玩具

当着宝宝的面将三四样他熟悉的玩具，如小汽车，小熊猫、乒乓球、小沙包等放入口袋中，叫宝宝把手伸进去，摸抓一个，并说出它是什么，再拿出来，看是否说对了，然后继续摸下去。当然，为了增加难度，父母可以事先要求宝宝摸出一个什么玩具，看他能否按父母的要求将玩具摸对。这个游戏非常有趣，能训练宝宝的感觉记忆能力。

4. 比较模仿动物

比较是找出事物的不同的行为，模仿是宝宝将大脑中记忆的信息通过形象动作表现出来的行为，模仿得越逼真，说明幼儿对事物的再现能力越强。因此，先比较再模仿他人语言和行为，是训练宝宝认识事物的好方法，而宝宝最喜欢模仿的首先是动物的形象。带宝宝去动物园观看猴、鸟等动物，叫宝宝比较辨认，模仿他们走路、搔痒痒、吃东西的样子，以增强宝宝对不同事物的认知能力。

5. 认图形

几何图形既是抽象的，也是有形象的，宝宝容易也很喜欢认识这些图形，如正方形、长方形、三角形、圆形、半圆形、梯形、扇形等。教宝宝认识几何图形，只需拿一个标准的图形，直接告诉他这是什么图形，并讲一点这个图形的特征即可。如："这是三角形，有三个角、三条边，像一个尖尖的房子。""这是圆形，圆圆的，像轮子一样。"教宝宝认识几何图形，能培养宝宝对事物整体认知的能力。

四、营造数数环境，让宝宝感受数学的魅力

(一) 让宝宝在动作中感受数数

著名心理学家皮亚杰指出，0~2岁孩子的思维主要表现为简单的外部动作与具体环境事物的相互作用。数字很抽象，对宝宝来讲理解起来很困难。

1. 妈妈要多带宝宝做一些动作

在思维发生和发展的初级阶段，妈妈要多带宝宝做一些动作，因为动作与思维的关系十分密切，即动作的发展可促进思维的提高，反过来，思维的发展又能促进动作水平的提高。如果妈妈让数数这件事与动作结合起来，使其变得更形象、生动，就能充分调动宝宝的触觉、听觉、视觉，就会使得数数这件枯燥的事情变得更直观，更具体。

比如，妈妈在教宝宝数数的时候，可以拿出10个苹果，分别摆成1个、2个、3个、4个、5个、6个、7个、8个、9个、10个。让宝宝通过观察、触摸，切实感受到数字的多少、大小以及先后顺序，等宝宝逐渐记住的时候，妈妈可以把苹果收回到篮子里，然后让宝宝一边从篮子里取出来，一边数。还可以在吃完饭后妈妈切水果给大家吃，妈妈可以说："宝宝，我要两个苹果，你能拿给我吗？"宝宝会很乐意地去做，然后妈妈把苹果切成块，让宝宝数。妈妈可以问宝宝："数一下，妈妈把苹果切成多少块了？"要是宝宝答对了，就奖一块苹果，没数对就要他重新数，直到数对为止。利用这些实物来强化宝宝的数学教育。

2. 多做几次数数的练习

多做几次这样的练习，宝宝就有了一定的数感，即使不能准确地说出这几个数字，也没有关系，只要平时多练习，循序渐进，就会有效果。妈妈要接受宝宝个体的差异性，切忌对宝宝提出过高要求、进行不恰当的学习方法训练，要知道，早一点晚一点记住都没关系，总比宝宝对数字失去兴趣要好。

（二）让宝宝在游戏中学习数数

1. 让宝宝在生活游戏中数数

1～2岁的宝宝兴趣还在玩上，妈妈教宝宝学数学，也要想办法让宝宝感受到乐趣。妈妈可以把数数当成一个"儿歌"、一段"乐曲"，和宝宝在一起的时候，经常念念、唱唱，次数多了，宝宝也就记住了。比如，有位妈妈在宝宝还不会走路时，就经常在宝宝面前数数。每当她抱着宝宝上下楼的时候，会一边走一边数数；和宝宝一起从玩具箱里取玩具的时候，会一边取一边数；腌咸鸡蛋的时候，她一边数一边往缸里放……她并没有刻意让宝宝数，时间长了，宝宝就有了数字概念。有一次，她数数的时候，宝宝居然跟着一块数，她停下来，宝宝还能接着数。

2. 让宝宝在玩中学习

宝宝的学习最好游戏化，一般都在玩中学习。父母教宝宝学数数时可以贯穿到他们的生活中，通过和他们的生活习惯、游戏玩具等融为一体，让宝宝在不知不觉中学会。父母可以教宝宝唱一些数字歌，如一头牛两匹马，三只小羊找妈妈；四只鸡，五只鸭，六只小鸟叫喳喳；七条鱼，八只虾，九条小虫慢慢爬；十个数字真有趣，小朋友们笑哈哈。让宝宝在生活与游戏中学习知识，更能激发宝宝的学习兴趣，这比强迫他去数数效果要好很多，妈妈不妨学学这个简单有效的方法。

（三）让宝宝在故事中数数

妈妈一数数，宝宝就腻烦，扭头不愿听。这种情况下，妈妈就要另想办法了！宝宝喜欢听故事，妈妈可以把数数这件事放到故事中，让数字潜移默化地进入宝宝的大脑里。

为1～2岁宝宝讲故事，情节要简单点。比如，小熊猫过生日，白面猴去送礼。送什么好呢？白面猴从自家的桃树上摘了一大篮桃子，1、2、3……一共9个，蹦蹦跳跳地就送去了。小熊猫见到这么鲜美的桃子，连声说："谢谢啊！谢谢好朋友！"

情节简单、有趣的故事，宝宝喜欢听，不知不觉间就让数字进入了大脑，次数多了，就记住了。妈妈给宝宝讲带有数字的故事的时候，每个故事里的数字不要太多，出现的次数不要太频繁，最好每个故事重复讲多次，这样，宝宝在记住故事的同时，也就记住了数字。

（四）让宝宝在涂剪中数数

这个年龄段的宝宝超级喜欢涂鸦，每天都要画很多图画。当宝宝画图的时候，妈妈不妨关心一下宝宝："宝宝，画了几朵花了？""画了几只小白兔呢？""再画一幅，够10幅了吗？"宝宝有了数字概念，感知到了多少，当画得多的时候，就会有一种成就感，对画画也有促进作用。要引导宝宝学会主动去做，数学可以用很多方式来表达，家长可以用图表、图画和符号等去教宝宝学习，这样更形象具体，宝宝也易学易记。

（五）在语气变化中刺激宝宝数数

教宝宝数数，一方面是为他建立数概念打基础，另一方面也是为了训练宝宝记忆抽象事物的能力。教宝宝数数，最好将 1~10 分成两段来数，即 1、2、3、4、5 和 6、7、8、9、10，中间停顿一下。这种数法语气既连贯又有节奏，便于宝宝跟着父母一起数。当然，还可以倒数：10、9、8、7、6；5、4、3、2、1。

图 1-66　我也学会了！

五、亲子游戏

（一）寻宝藏

游戏目的：锻炼 1 岁以上宝宝手眼的协调能力、培养宝宝观察记忆能力。

游戏方法：在抽屉或盒子里放入一些小玩具，让宝宝看到妈妈是如何打开抽屉或盒子发现宝藏的。重复几次后，让宝宝自己打开抽屉和盒子寻找玩具；对已经能够听懂一些提示的 2 岁以上宝宝，可以把玩具放在房间里某个开放的地方，如茶几或椅子下，让宝宝去寻找。如果宝宝一时找不到宝藏，一定要智慧地帮助他完成任务，譬如妈妈走到玩具旁做寻找状，以吸引宝宝注意藏宝地点；当宝宝找到玩具，应及时用鼓掌加以激励。

（二）点牛眼

游戏目的：1. 使宝宝感受语言的节奏感和循环往复的特点。

2. 发展宝宝的手眼协调能力。

游戏玩法：家人与宝宝面对面坐好，双脚交叉排列成一排，游戏开始时，家人按节奏边说儿歌边用手指点数家人与宝宝的脚，当说到"猫来狗去"的"去"时，"去"字点到哪只脚，哪只脚就迅速撤走，游戏在剩下的几只脚中重新开始。点，点，点牛眼，牛眼花、烂芝麻、芝麻粒、撒满地，猫儿来、狗儿去。此游戏宝宝不仅可以和爸爸妈妈一起玩，还可以与邻居成人一起玩。

（三）捉影子

游戏目的：引导宝宝体会与影子游戏的快乐。

游戏玩法：带宝宝到户外空地上，家人拿着小镜子站在阳光能够照射到的地方，用小镜子朝阴影处晃动，引发宝宝捉反射的影子。

（四）找朋友

游戏目的：通过配对游戏，发展宝宝的分辨异同的能力。

游戏玩法：把两个核桃、栗子、苹果、梨、山里红等放在一个小笸箩里，让宝宝在短时间内找出相同的东西，如两个核桃、两个栗子等。

（五）数数

游戏目的：训练宝宝对数字的感受能力，和对自然数前后位置关系的掌握，培养宝宝注意力和综合数数能力。

游戏方法：家长教宝宝数数"1、2、3、4、5。"

妈妈："宝宝，跟妈妈数数1、2、3、4、5。"

宝宝："1、2、3、4、5。"

妈妈："宝宝，妈妈把1、2、3、4、5倒过来数。"

妈妈："5、4、3、2、1。"

宝宝："5、4、3、2、1。"

妈妈："再数一遍5、4、3、2、1。"

宝宝："5、4、3、2、1。"

（六）数数的前后关系训练

游戏目的：训练宝宝掌握自然数的各个数之间的前后关系，为学习序数和进行比较数的大小做准备。

游戏方法：家长依次向宝宝提下列问题，让宝宝回答。

妈妈："宝宝，从 5 数到 6。"

宝宝："5、6。"

妈妈："数数时，6 的前面的数是几？"

宝宝："5"

妈妈："数数时，5 的后面的数是几？"

宝宝："6"

妈妈："5 在前面，6 在后面，对吗？"

宝宝："对，5 在前面，6 在后面。"

（七）宝宝和苗苗

游戏目的：发展宝宝的视觉、触摸觉、感知觉能力，发展宝宝的认知能力。

游戏方法：1. 在盆中或院中种上一棵小豆子，等小豆子发芽长到两片叶时就带宝宝去观察。2. 看着刚出土的豆芽弯着头告诉宝宝，这是小苗苗在欢迎宝宝，宝宝也向小苗苗问好，摸一下小苗苗的两片叶子。3. 当小豆苗长出新叶时，让宝宝继续摸一摸，跟刚开始时有何区别。注意：这时的宝宝大都喜欢户外活动，家长要有意识地利用这一机会教宝宝认识自然环境中的事物，看一看、摸一摸。这项活动也可扩展到花、草、树等植物上。

（八）我给小桶穿花衣

游戏目的：1. 鼓励宝宝大胆装饰小桶，发展他们的想象力、创造力。2. 锻炼宝宝小手的灵活性。

游戏玩法：宝宝把皱纹纸揉成的纸球、各种形状卡纸粘在奶粉桶上，帮助小桶穿上漂亮衣服。在装饰小桶的过程中，要引导宝宝大胆装饰，发展他们的想象力、创造力。

（九）一页又一页

游戏目的：培养分类能力，增加新词汇，激发宝宝的创造性。

游戏方法：找一本活页夹，在每页上都粘上一幅画。问孩子第一页上该放什么时，可建议放一匹马的图画，然后和孩子一起从报纸、杂志上剪下马的图片贴上。第二天再做点什么，如粘一朵云，一座山，一辆自行车等等。最终你和孩子就拥有了一本可以享用几个月的书。

（十）袜子投球

游戏目的：教宝宝数字的概念，发展大动作和精细动作技能。

游戏方法：将废报纸揉成一个个小球，在前面放一个盆子，家长先示范，将小球往盆子里投，边投边数数。家长投完宝宝模仿做。为了激发宝宝兴趣，家长在投球时可做出夸张的动作，甚至故意投到盆外。

（十一）分拣篮子

游戏目的：培养识字前技能和分类能力，促进社交能力。

游戏方法：拿三只洗衣篮，在篮底贴上宝宝喜欢的玩具图片，比如，在一只篮子底部贴上一张填充式动物玩具的图片，在另一只篮子里放上积木的图片，在整理房间时，让宝宝帮助家人分门别类地将玩具放入篮子。

第四节　1~2岁幼儿的语言教养要点

一、经常与宝宝进行语言交流，促进宝宝表达能力

（一）语言交流生活化

日常生活是宝宝学习语言的基本环境，在自然情景中丰富词汇，发展宝宝的口语简便易行，极富实效。日常生活中的语言多是常用的反复出现的，但不是每个宝宝听一听、讲一讲就能掌握的。只有在多次运用后才能真正理解词意，做到正确使用，此时

家长就要善于抓住时机对宝宝进行培养。如：在穿衣时，教宝宝正确说出衣服的名称；在盥洗时，教宝宝说出盥洗用具、五官或身体各部分的名称等；当发现宝宝说话发音不准、用词不当、口吃或有语病时，要通过示范及时予以正强化；与宝宝说话，应不放过任何机会，随时进行。洗衣服做饭时，可边做边聊；看电视、阅读时，也可以就节目或书本的内容简单地谈谈，还可以提些问题让孩子思考。节假日与孩子逛商店、游公园，可见事论

图1-67　喂，不要大声说话！

事……总之，只要和幼儿在一起，就要尽量和幼儿多说话，经常与其逗话，幼儿也会变得异常活泼。随着宝宝的理解力和表达力的增强，家长可以引导宝宝试着把句子扩展开来。

（二）语言引导游戏化

通过游戏练习词语的运用，目的和要求都在"玩"的过程完成，宝宝非常感兴趣。如：游戏《猜猜看》，把玩具放进大箱子里让宝宝猜猜是什么物品，并大声地说出来，无论猜出、猜不出，家人都要正确地告诉宝宝物品的名称。游戏《打电话》，能有效地促进宝宝语言交流能力的发展。电话现在已经相当普及，当家人在家打电话时，可以让宝宝在一边听家长是

图1-68　尽情地玩吧！

怎样接电话，怎样与人谈话，怎样与人告别等。有了以上生活经验之后，家长便可以利用玩具电话与宝宝练习打电话。游戏过程

中家长要话语简单明了，结合宝宝熟悉的事情来说，要耐心地听宝宝说话，鼓励他多说。在兴趣盎然的游戏活动中，有意识地引导宝宝学说话；形象地将词语连同所代表的事物——对应起来，一起印入宝宝的脑海中。

（三）和宝宝说话应注意的问题

1. 使他尽快地理解语言

在宝宝最初学习说话的阶段，家人能给宝宝许多帮助使他尽快地理解语言。宝宝喜欢说话的声音，喜欢别人注意他。因此当家人说话时，要看着宝宝的眼睛，保持目光接触，家长的面部表情和手势不妨夸张些，把句子的某些词和语调的变化读重些。家长可以用缓慢的、像唱儿歌一样的、语调温柔的方式跟宝宝说话，这样和宝宝交谈，他的注意力会更加集中。说话的时候，家长要注意观察宝宝的脸，他是否专心地听着！尽量和他靠得近一些，让他能看到并模仿家长嘴唇的动作，这样可以帮助他更快地学会各种发音。

2. 不要急于求成

在教宝宝说话的过程中，家长绝对不能性急。一来宝宝的脑部发育还不完全，容易遗忘；二来父母急于求成的态度会给宝宝带来压力，有时宝宝即使心里明白，但就是不敢开口，学习说话变成一项艰难的功课。

3. 教说话时不要贪多

家长一天教宝宝一到两个音节或词语就可以了，甚至两天教一个都没关系，让宝宝有机会巩固已学过的内容，不易遗忘。

二、引导宝宝学说名称

（一）不要过分满足宝宝的要求

通常我们可以看到：宝宝指着水杯，妈妈立即反应："宝宝，是要喝水吗？妈妈给你拿。"宝宝连嘴皮子都不需要动，愿望就实现了。这种爸爸妈妈过度满足宝宝要求的方法使宝宝的语言发展缓慢，因为他不用说话，家人就能迅速明白他的意图，并达到他的要求了，因此宝宝失去了说话的机会。如果爸爸妈妈从宝宝的行为举止中发觉宝宝想喝水时，给他一个空水杯，他拿着空水杯，想要得到水时，会非常努力去说"水"。这样宝宝说的意识就慢慢养成了。

（二）不重复宝宝的错误发音

宝宝把"哥哥"说成了"蝈蝈"，爸妈重复宝宝的错误语音，甚至下次再碰到说"哥哥"的情况时，父母也跟着宝宝说"蝈蝈"。父母这种将错就错学习宝宝的错误发音，宝宝就会得到错误暗示，认为自己的发音是对的，这种错误的发音可能会因此很长时间难以改变。所以爸爸妈妈不要学宝宝的发音，而应当用正确的语言来与宝宝说话，时间一长，在正确语音的指导下，宝宝的发音自然会逐渐正确。

（三）耐心重复事物名称，注意观察宝宝的反应

比如：妈妈拿起香蕉在宝宝面前晃一晃，告诉宝宝：香蕉、香蕉，宝宝会追着妈妈要香蕉吃，妈妈可以让宝宝再重复"香蕉"，说对了，就将香蕉给宝宝享用作为鼓励，对宝宝的语言神经形成良好刺激。多表扬宝宝，鼓励宝宝用语言说出自己的需要，让宝宝觉得学习语言是件快乐的事情，宝宝对学习语言才会更有兴趣。

（四）使用标准的普通话

和宝宝说话时，注视宝宝的眼睛；说话声音清晰，注意音调的柔和度；语调缓慢、温柔。这样的语言会对宝宝产生极强的吸引力，宝宝会跟着这种声音模仿说出各种实物的名称。

（五）引导宝宝说出正确的答案

家长要提一些宝宝感兴趣的问题，引导宝宝说出正确的答案。宝宝感兴趣的东西往往能产生强烈的好奇心，这时家长给以问题，会刺激宝宝的神经，从而产生表达的欲望。比如：爸爸为宝宝买来了自行车，宝宝会非常喜欢，摸一摸、看一看，在这一过程中，家长可以利用宝宝的无意注意问：爸爸买的这是什么？给谁买的？

（六）引导宝宝说出事物的名称

带宝宝多接触外界事物，引导宝宝说出事物的名称。带宝宝到商店、到大自然中，很多新鲜事物宝宝是叫不出名字的，家长可以见什么说什么，不管宝宝记住多少，只要你能坚持这么做，宝宝大脑储存的事物名称就会越来越多，积累到一定程度，你会发现不知自己说过没有，宝宝已经轻而易举地掌握了。

三、引导宝宝学习简单易上口的儿歌与诗歌

（一）精心选择适合 1~2 岁宝宝年龄阶段的儿歌

由于年龄小，1~2 幼儿的注意及记忆是无意的、短暂的，喜欢重复是此年龄阶段宝宝显著的特点，因此对于家长来说可以尽量选择一些浅显易懂、朗朗上口的，或是象声词、叠词、趣味化的词语，这样宝宝们容易掌握，也乐意跟着学念。比如"小公鸡，喔喔啼，拍拍翅膀喔喔啼；小小鸡，叽叽叽，找到妈妈叽叽叽。"这类动物性儿童歌谣，趣味性强，容易上口，对 2 岁以内的宝宝是很合适的。

（二）引导宝宝用肢体的动作学习儿歌

家长可以结合儿歌字面意思，创编适宜的肢体动作，来引导宝宝的语言，这称之为"语言动作化"。1~2 岁的宝宝在念儿歌时，总会情不自禁地手舞足蹈。对越不熟悉的儿歌，宝宝表演的痕迹越明显。这是因为在这一时期，他们只能用片断的词语或电报句来表达自己的意思，而不能说出完整、连贯的句子，因此他们常常要借助于肢体语言——手势、体态、表情，来进行交流。比如《小手拍拍》、《我的本领大》、《晒太阳》等，如果学习时引导宝宝充分运用动作去感知的话，

图 1 - 72　这是啥呀，我咋看不懂呢？

就容易记得住，学得生动。如：

儿歌：小苗苗

我是一颗小苗苗。

嚓嚓嚓，嚓嚓嚓，

长成圆圆的大西瓜。

动作说明：

双腿蹲下

起立

双手手心相对，双臂呈抱西瓜状。

（三）引导宝宝利用生活学习儿歌

生活中的常见动作宝宝相对熟悉，利用生活中的动作配合宝宝学习儿歌，会使儿歌变得简单有趣。比如在洗手时，家长哼唱轻柔的儿歌"手心搓一搓，手背搓一搓，两手泡泡多，冲一冲，甩一甩，两手红又白"来伴随整个洗手过程；喝牛奶时，唱儿歌"小宝宝，喝牛奶，牛奶香，牛奶白；小小手，拿杯奶，咕噜咕噜喝牛奶。"用唱儿歌的方法指导宝宝喝牛奶。吃饼干时，唱儿歌"饼干圆圆，圆圆饼干，啊呜一口，又香又甜，啊呜一口，饼干吃完。"则把吃饼干的过程变成了

图1-73　啊，我终于看懂了！

宝宝眼里好玩的游戏。而搬椅子时的"小椅子，我会搬，两手抓住放胸前，一个挨着一个放，整整齐齐真好看"；上楼梯时的"上楼梯，步步高，步步高，栏杆要扶好"等儿歌，都使幼儿在一个充满动作、节奏、韵律而且不断重复的语言环境中萌发着学习说话的兴趣和愿望。

（四）家长应注意的问题

一般来说，教给 1~2 岁的宝宝的儿歌不要太长，以 4 句为宜，儿歌内容要选择与孩子生活接近并容易理解的。教儿歌的方法是多样的，要因宝宝的不同情况而异。可以念一句，孩子跟着念一句；有的是家长整段地念，孩子边听边跟着家长小声地念。各种方法可以结合使用。每次教孩子的时间不要太长，以 10 分钟以内为宜。当孩子已掌握一首儿歌后，可以经常让他当众背诵，以复习巩固。

四、培养宝宝的阅读能力，进行亲子阅读

研究发现，宝宝入学以前的学习能力，与上学后的学习成绩关系很大。而学习能力的高低，主要体现在自主阅读兴趣的大小上。因此，宝宝的早期阅读培养很重要。从年龄上看，1~3 岁是培养宝宝阅读兴趣、学习习惯的关键阶段。

（一）根据宝宝的性格特点安排阅读

好奇是 1~2 岁这个阶段的最大的特点，十几、二十个月大的宝宝不管拿到什么都要啃一啃、摸一摸，甚至摔打几下。他们总是按捺不住，爱闹腾，不会好好配合家长做某项事情，随时可能开小差、走神，扭头自顾自干自己喜欢的事情。但这个阶段的宝宝，他的视觉的成像发育已经成熟，也能听懂爸妈的指令，已经具备开展亲子阅读的能力。知晓了这个阶段宝宝的特点后，对他在亲子阅读时撕书、咬书等"蹂躏"行为不必心疼；对他阅读时爱闹腾、注意力不集中也不

图 1-74　小博士在专心学习哩。

必大发雷霆了；对他非暴力不合作行为，也不必失去信心。

（二）根据宝宝的年龄安排阅读

选择适合宝宝年龄的内容给宝宝朗读文章是一门艺术。一方面，要抑扬顿挫、声情并茂，以增强语言的感染力，让宝宝深受鼓舞；另一方面，要根据宝宝的年龄大小，安排朗读内容和方式。1~2岁，大体要求是：要给宝宝朗读简单的有故事情节的图画书。朗读时，要用手指指着所念的文字，帮助宝宝理解每个文字都是些什么意思。每天朗读的时间，至少要在15分钟以上。这样做的目的，是为了扩大宝宝的词汇量，发展宝宝的情感，注意别人的感受等。经过这种训练，宝宝的词汇量应当达到250个左右。

（三）根据宝宝的视觉兴趣安排阅读

1~2岁宝宝的阅读内容并不一定非要限制在文字方面。实际上，宝宝阅读时更喜欢没有文字的色彩鲜艳、形象生动的图画书。他们能够轻而易举地看懂画面，然后从中发现人物的表情、动作、背景，并且会自己把它们串联起来，进一步理解故事情节。这种"零难度的快乐阅读"，会大

图1-75 宝宝玩得真高兴。

大增强宝宝对读书的浓厚兴趣。除了图画书外，宝宝的阅读还应包括各种动画片海报、通俗易懂的路标、布告、门牌号码等。爸爸妈妈要善于利用周围一切事物，只要发现有意思的，就可以停下来和宝宝一起阅读。

（四）亲子阅读应注意的问题

亲子阅读中家长应注意以下问题：（1）让宝宝学习某方面的知识不是读几次书就够了，而是要反复看，基本上反复看的时间

不少于一个月。(2) 临睡前不讲吓人的故事，免得孩子做噩梦。
(3) 不苛求孩子会背、会写，免得孩子觉得是负担，今后讨厌看
书学习。(4) 讲完故事后，提一些启发性的问题，引导孩子思
考，考察孩子是否听懂。(5) 故事一次讲完，不能讲一半剩一半
(除非讲着讲着孩子睡着了)。(6) 在孩子成长的过程中，他以前
看过的卡片、挂图、书依旧可以用来学习，家长只需将知识的外
延延伸就可以。例如仅是一张苹果的图案和文字的卡片，家长可
以告诉孩子，苹果有红色的、口味酸甜、长得圆圆的，苹果和
梨、桃都结在树上，他们都属于水果等等。(7) 读书时要有角色
意识，如读老人说话时，声音要显得苍老些，读到小孩子说话
时，声音应显得稚嫩些。读书的语气也要和内容相符。(8) 看书
时要注意距离和光线，教宝宝看书时，书与眼的距离要适中，看
书的光线要好。临睡前给孩子讲故事，不要让孩子躺着看书，不
利于孩子视力。(9) 书要放在固定的某处，如床头桌上、书架
上、茶几上，培养宝宝的条理性，如果书出现破损，要及时用透
明胶条或胶水粘上，培养宝宝爱护图书的习惯。(10) 讲故事时，
宝宝可能会提一些莫名其妙的问题如：小鸡为什么吃小虫？妈妈
可以告诉他：小鸡肚子饿。小鸡为什么肚子饿？……，妈妈要满
足宝宝的求知欲，给他解释清楚。

五、亲子游戏

（一）跟着做

游戏目的：培养幼儿听指令做动作的能力，训练幼儿的语言
理解力。

游戏方法：

1. 妈妈和宝宝相对而坐，妈妈边做动作边念儿歌，让宝宝
也做同样的动作。儿歌词为："请你跟我这样做，我就跟你这样
做，小手指一指，眼睛在哪里？眼睛在这里（用手指眼睛）。"
"请你跟我这样做，我就跟你这样做，小手摸一摸，鼻子在哪里？

鼻子在这里（用手摸鼻子）。"依次认识五官，"请你跟我这样做，我就跟你这样做，小手指一指，小手在哪里？小手在这里（用手摇两下）。"

2. 练习几遍后，让孩子说"我就跟你……"可先和爸爸示范一下。如妈妈说："请你跟我伸伸手。"边说边做伸手的动作。爸爸接着说："我就跟你伸伸手。"同时做伸手的动作。在孩子参与的时候，可以让爸爸带着孩子一起做，然后慢慢地让孩子单独做。可做各种各样的动作，让孩子学说"伸伸手"、"喂小猫"、"弯弯腰"、"种花草"等。

（二）复述句子

游戏目的：训练语言表达能力、记忆能力。

游戏方法：可选内容简单但富有情节的小故事，如拔萝卜，作为复述内容。先给宝宝讲几遍故事内容，然后教宝宝复述句子。复述时，你说出一句（3~5个字），让孩子模仿一句。渐渐地你说一句话的开头，宝宝可以补充后面的话，最后让宝宝自己能把句子复述出来。

（三）咕噜咕噜

游戏目的：学习用量词组词和即兴说话，培养宝宝思维的准确性和敏捷性。

游戏方法：家长与宝宝面对面站立，双手握空拳、两拳交错上下边绕圈边念"咕噜咕噜1（伸出1个手指）"，家长说："一头牛"；两个人再绕圈并念："咕噜咕噜2（伸出2个手指）"，宝宝说："两只鸟"。依次说数字组词到10，游戏结束。

（四）你看到我所看到的东西了吗

游戏目的：促进语言能力的发展，增加词汇量，提供解决问题的经验。

游戏方法：和宝宝玩一个经典游戏："你看到我所看到的东西了吗?"（一个人说，我看到一个又红又大的东西，另外一个人猜："救火车、球"等等。）让宝宝选择一件物品，在你说出正确答案之前，故意说出一长串不正确的物品名称。

（五）快和慢

游戏目的：培养语言能力和模仿能力。

游戏方法：从一首儿歌开始，最好是一首押韵的儿歌。先慢慢地重复唱，然后再加快速度。这样几次后，速度时而加快，时而放慢。增强对宝宝的吸引力和记忆力。

（六）我的画廊

游戏目的：理解掌握新的概念和词汇；提供有象征意义的练习；加强记忆力。

游戏方法：在宝宝房间里辟出一块地方作为画廊。一块小的布告栏也是很有用的。可以在上面挂许多画，每天让宝宝说出画里物品的名称：树、妈妈、狗等等。要经常调换图片。

（七）挤

游戏目的：增加词汇量，发展大动作技能。

游戏方法：在地板上找一个舒适的地方，让宝宝坐在家长的大腿中间，先放松，接着家长开始说蔬菜的名称：西红柿、土豆、胡萝卜……然后起劲地说："挤！"两腿轻轻地并拢去挤孩子。

（八）为什么穿这件衬衫

游戏目的：增加词汇量，展示因果关系（把天气和穿衣服联系起来）。

游戏方法：在穿衣服时养成一个习惯，家长告诉宝宝为什么要选这件衣服："因为今天天气冷，所以宝宝要穿毛衣。""因为宝宝要参加一个正式的晚会，所以宝宝要穿这件漂亮的衬衫。"

（九）龟兔赛跑

游戏目的：培养语言学习的能力，介绍快和慢的概念。

游戏方法：在公园里散步时可能会遇上一只蜗牛，让宝宝观察一会儿，然后看看天上飞过的鸟，和宝宝讲哪只动物爬或飞得快、哪只慢。

（十）味道真好

游戏目的：介绍新词汇和新概念。

游戏方法：在吃午餐时和宝宝讨论香蕉、豌豆和苹果。描述一下它们的味道和口感。（比如说，甜和酸，脆和软等等）这是一个进行比较的好机会。

（十一）会叫的汽车

游戏目的：培养语言学习能力，加强记忆力，训练声音与物体间的联系能力。

游戏方法：假装宝宝的车子是一匹马，开始发动车子时家长说："出发吧！驾，驾！"宝宝听了会很开心，并会说"这不是汽车发出的声音！"这时家长可以表现出惊讶的神情，并问他汽车会发出什么样的声音。

（十二）花圃的一天

游戏目的：增加词汇量，发展颜色识别技能，训练大和小的概念。

游戏方法：花圃是个好地方，家长可带宝宝到花圃里，看看各种颜色的花，闻闻他们的香味，看看他们长多高，甚至和宝宝谈谈他们喜欢长在哪儿。

（十三）把我吹倒

游戏目的：训练嘴和脸部的肌肉控制能力，这有助于清晰地发音。

游戏方法：家长和宝宝面对面互相吹气，似乎要把对方吹倒。吹的同时做鬼脸并发出有趣的声音。

（十四）宝宝的邮件

游戏目的：发展语言和识字前能力，训练符号意识。

游戏方法：家长给宝宝做一个邮箱，邮件可以是单词，图片或小故事。家长可以给邮件分类，给宝宝读邮件，也可以像邮递员那样投信。

（十五）沙地写字

游戏目的：在发展精细动作技能的同时，培养符号可以代表字母和单词的意识。

游戏方法：抚平沙地表面，家长和宝宝一起在上面"写"故事。主要由宝宝去做，工具可以是手指或树枝。

第五节 1~2 岁幼儿艺术潜能教养要点

一、如何为 1~2 岁的宝宝选择音乐

在"听的音乐教育阶段"，应该偏重于音乐欣赏和音乐环境的提供。由于宝宝睡眠时间缩短，游戏时间增长，除了提供优美的睡眠音乐之外，还可提供节奏明显、曲调轻快活泼的游戏音乐，让宝宝在快乐的游戏中聆听。

（一）睡眠音乐

此阶段的宝宝在生长、学习和活动中都需要大量的能量。充足的休息和睡眠能使宝宝获得活动中必要的能量。在休息和睡眠时间，可以让宝宝静静地聆听一下节奏缓慢、优美高雅的音乐。切记音量不要播放的很大。

（二）游戏音乐

此阶段的宝宝出奇的勇敢，喜欢玩一些能产生动荡的游戏。如：荡秋千、跷跷板、摇椅等，也喜欢爬梯子、滑滑梯等活动，而且身体能配合此类活动节奏的摆动。如果家长在宝宝游戏的过程中加上音乐，会促进宝宝由对音乐的好奇转变成对音乐的喜爱。因此，此阶段宝宝的游戏音乐应尽量配合宝宝运动机能发展的特性来设计。

二、1~2 岁宝宝音乐素质的培养

（一）边听音乐边跳舞

由于此阶段的幼儿善于模仿，所以应该提供幼儿可模仿的机

会和素材。选择的音乐以节奏明显、曲调轻松活泼为主；妈妈们边听音乐边有节奏的摇动宝宝的手脚、身体；和宝宝一起边听音乐边模仿动物的声音和形态等。但是宝宝的音乐表达能力不强，虽然可以边听音乐边跳舞，但是还不能准确地把握节奏和节拍。在日常生活中，家长应该经常让孩子伴随不同节奏的音乐跳舞。

（二）在敲打过程中培养乐感

1～2 岁的宝宝会拿着铃铛摇动，也会拿着棍敲击小鼓，开头只是乱动，先让他熟练一会儿，然后家人同宝宝一起随着播放的音乐节拍，敲击手中的简单乐器，随便练习，然后学习按节拍敲击，锻炼节拍能力。如果家里没有这些乐器，可用一些废筷子、空盒子、旧罐头、碗、盘子等作为练习节拍的乐器。

（三）说的音乐教育

1. 说话

每个人自出生有两个基本的能力是"每个"家长都要教的：一是学说话；二是学走路。所以，利用说话作为起步的音乐教学，会使宝宝感到非常的亲切、熟悉，她不需要专门的训练和技能技巧。1～2 岁的幼儿正是学语的时期，家长一定要抓住此阶段的音乐教育，音乐语言中有自然的节奏存在。例如："妈妈"，可以用四分音符读出来；"小白兔"，可以用两个八分音符加一个四分音符读出来。

2. 唱歌

1～2 的幼儿随着语言功能的发展，1 岁以后已经会唱歌了，虽然宝宝理解不了歌词的内容，但是他可以体会到音乐的情绪变化。一般而言，此阶段的幼儿由于呼吸短促，语言又不十分发达，应该选择一些节奏欢快，音域狭窄的简单曲目。这样可以让宝宝体会到音乐的快乐，并让宝宝通过歌唱了解使用语言的乐趣。

（四）音乐记忆

宝宝喜欢看电视中的某一段有孩子的广告，也喜欢看天气预报，每次听到这些节目的前奏就会走过来看，说明宝宝已有了良好的音乐记忆。家里常播放的音乐中，也会有某些段落是宝宝特别喜欢的，家长发现了，就可反复让宝宝多听几遍，家长同宝宝一起哼唱，以巩固记忆。不过要特别注意，不让宝宝唱电视剧的插曲和音域太宽的流行歌曲，以免损伤宝宝娇嫩的声带。

（五）从听大孩子们唱歌到参加音乐律动

在带宝宝散步时，听到附近亲子园，幼儿园或小学孩子们唱歌，就要停下来听，让宝宝反复听大孩子们唱歌，就会引起宝宝学习的欲望。尤其是在亲子园看到孩子们一面唱歌一面游戏，就会让宝宝很开心，常让他在旁边看，等到他愿意时就鼓励他参加。亲子园孩子们的活动允许家长带宝宝参加，家长可学习随着音乐走步，到某一个音节就拍手或者跺脚，有时转圈，动作虽很简单，宝宝就会手忙脚乱。如家人记住了，就可回家照样练习，经过多次反复，就能与别人合拍了。不少宝宝到两岁时就会很熟练的参加团体演出了。

三、给幼儿提供能够尽情表达自我意识的涂鸦空间

（一）鼓励宝宝大胆尝试

幼儿时期，宝宝还处于涂鸦期和象征期，宝宝刚刚能乱涂乱画，很多东西在家长看来可能就是太难看，甚至根本就看不懂，但这个时候家长千万不能对孩子说"啊，这个是什么呀，乱七八糟的"，这些言语会严重伤害到宝宝的自信心及对美术学习的兴趣。家长应该以鼓励为主，并听取宝宝对自己所画作品的讲解，鼓励他们多讲多画。

（二）营造轻松的涂鸦氛围

宝宝绘画的痕迹能够表现出当时心理状态。画面的形象和效果能表现出宝宝的性格以及胆量的大小。宝宝表现出胆小的情况怎么解决呢？应该经常对宝宝给予鼓励。应该营造一个愉快的绘画氛围。使宝宝能放松的进行绘画。不过高的要求，减轻宝宝的

心理压力，鼓励宝宝大胆动笔。还可以邀请小伙伴一起涂鸦，没有一个宝宝不会在纸上留下痕迹的，只要敢画就是成功。

四、丰富艺术体验，培养宝宝的艺术感受力

（一）创设优美的物质环境

家长在生活中的审美品位会在潜移默化中影响宝宝，通过创设舒适、优美的家居环境，和宝宝一起欣赏感受家居环境、装饰物品、日用品的美，经常和宝宝一起观赏生活中熟悉的艺术品，不断地对宝宝进行审美熏陶。家长还可以为宝宝创设有一定空间的涂鸦墙（比如平整易清洗的墙面，往墙上贴可以更换的画纸、或者是可以擦洗的黑板、白板等板面），提供较大的、便于宝宝抓握的软笔，让宝宝穿上便于清洗的衣服，鼓励宝宝大胆玩色彩、尽情画画涂鸦。

（二）感受丰富的自然环境

家长要创造条件带宝宝去听大自然中的各种声音：人声的沸腾、山林的寂静、潺潺的小溪流水声、雷雨的轰鸣、呼啸而过的列车、鸟语蜂鸣……有心的家长还可以将这些声音录制下来，给宝宝播放，并且让宝宝分辨，随着成长逐渐学会分辨各种声音的音高、节奏、音强和音色。经常带宝宝到野外玩。扩大宝宝的视野，感受自然界多姿多彩的变化，培养宝宝对美的事物的感受力。

（三）体验高雅的人文环境

如果家长经常跟宝宝一起唱歌，读诗歌，信手涂鸦，潜移默化中，宝宝的艺术感受能力也会得到很快的提高。阅读、聆听短小精悍的故事，宝宝的语言能力就会得到很快的提高，宝宝的创作能力也会相应地有很大提高；音乐与游戏的结合可以让宝宝在游戏中自由地进行创作和表演，更直观地感受到音乐的抑扬顿挫；为宝宝准备各种各样的颜料，可以让他自由地探索各种颜色带来的快乐，还可以让宝宝欣赏名画、参观展览，提高鉴赏能力等等。在高雅的人文环境中塑造宝宝的美感、陶冶宝宝的艺术情操。

创造良好的美术学习环境。宝宝的作画环境要安静，避免电视等噪音的干扰，以便宝宝较投入的作画与思索，不会被电视节目分散了注意力，能够专心学习；室内光线要好、明亮，让宝宝能正确辨别画面的明暗度以及色彩的各种对比关系等。

五、亲子游戏

（一）我的小手会跳舞

游戏目的：手指律动游戏，培养宝宝的手指灵活性，认识身体的手、腿、肩、头。

游戏玩法：首先，家长给宝宝指认和讲解手的结构，如：手指的名称（大拇指、食指等）、关节、掌心，让宝宝对自己的小手有初步认知。其次，坐在地板上，听音乐，和着节拍，家长和宝宝一起做手握拳和伸展手掌的动作。活动时注意力度和节奏，不要用力过猛。再次，晃动手腕，这一步中家长可以增加"难度"，让宝宝佩戴腕铃，和着音乐律动有节奏地摆动手腕关节；最后，家长和宝宝站立，和着音乐随性地摆动身体，重复音乐游戏。

（二）奇妙的声音

游戏目的：通过声音刺激听觉，培养区分不同声音的能力，感觉生活中美妙声音的变化。

游戏玩法：首先家长把准备好的实物放在地上，如：塑料瓶、铁罐、木棒等，让宝宝自己先自由的玩。其次，在家长的引导下玩这些实物，如："咚咚咚"是塑料瓶的声音；"哐哐哐"是铁罐的声音；"梆梆梆"是木棒的声音。然后让宝宝比较不同物品所发出的声音不一样。再次，遮住孩子的眼睛，让宝宝听一种声音，并猜出来是用那种实物敲打出来的。最后，在家长的引导下，让宝宝去感受大自然各种声音。

温馨提示：家长提前录好一些大自然中的声音，音质一定要好，否则会影响宝宝的听觉。

（三）涂鸦

游戏目的：体验大胆涂鸦的乐趣，感受色彩与线条。

材料准备：白色大纸若干张，红、黄、蓝、绿粗油画棒各一只，报纸若干。

游戏方法：1. 家长用胶带或夹子在矮桌上固定住一张白纸，纸下可平铺一些报纸，并为宝宝准备几支色彩明快的粗油画棒，供宝宝涂鸦用。2. 家长应鼓励宝宝按自己喜欢的方式在纸上大胆涂鸦，和宝宝讨论涂鸦的内容以及油画棒的颜色，如：宝宝，你画红色的线好漂亮啊！你拿的是红色的油画棒吗？

若宝宝一开始不敢画，家长可以先帮助宝宝涂鸦，但持续的时间宜短，鼓励宝宝接下去大胆涂。

玩多种颜色涂鸦的时候，家长要随时在旁边陪伴，防止宝宝将油画棒吃到嘴里，并提醒宝宝在纸上涂鸦，不涂到其他地方。

（四）随音乐绘画

游戏目的：1. 让宝宝可以全身心地感受音乐及节奏。2. 让宝宝知道可以跟音乐一起做游戏。3. 让宝宝认识更多的色彩

游戏方法：1. 妈妈把大张画纸放在地板上并播放音乐。2. 开始的时候，妈妈可以拉着宝宝的小手，让宝宝根据音乐的快慢在纸上跳舞。3. 然后妈妈可以再添加更多色彩的颜料，让宝宝继续根据音乐的节奏在纸上用小手拓画，一个个手印会展示一幅幅精彩的图画。

（五）漂亮花手绢

游戏目的：1. 引导宝宝感知颜色。2. 锻炼宝宝的动手操作的能力。3. 发展宝宝智力。

游戏方法：1. 家长在每张桌子上，放一张纸做的花手绢，然后引导宝宝观察。2. 家长切一些藕片、萝卜片蘸上颜色。3. 宝宝和家长一起用藕片，胡萝卜片，印在漂亮的花手绢上。印完一种颜色再换另一种颜色，颜色不要混在一起。4. 将宝宝印好的花手绢送给宝宝好朋友或保存起来。

提醒：家长指导宝宝印完一种颜色再换另一种颜色，尝试用不同的图案印花。并且引导宝宝尽量将手绢上的花印满。

第六节　1~2 岁幼儿的教养环境设计

一、提供适合 1~2 岁幼儿的生活空间

（一）提供和睦的家庭环境

一个家庭充满欢乐、和睦、相互友爱，是有助于宝宝智力的提高的；相反，如果家庭不和谐，夫妻反目成仇，争吵不休，孩子享受不到母爱和父爱，恶劣的家庭环境，将导致宝宝心情压抑、孤独，生长激素减少，宝宝长不高，智力低下。这样的环境对于宝宝的健康成长是很不利的，所以父母要给予宝宝一个好的生活环境。

（二）扩大宝宝交往的范围

通过观察发现，从小就喜欢与家人交流的宝宝，他们的学习成绩普遍较好，而不愿与家人交往的宝宝普遍较差。这提示，家人的语言、思维和行为，有助于增进宝宝的智力发育。相反，患有孤独症的宝宝智商也低。在与人交往的过程中可以扩大自己的知识面，促进大脑的发育和功能的完善，宝宝更是这样。所以家人们应该创造条件和环境，鼓励宝宝与同龄的孩子或者高龄的孩子一起玩，不要让宝宝养成怕接触陌生人的性格。

二、提供可供幼儿进行爬走运动的活动场所

（一）爬

这一时期，可以给婴儿提供连钻带爬的活动场所，过一些低障碍，比如，可以让婴儿爬楼梯、爬高（培养攀登意识，但应注意安全）。向高处爬可以刺激平衡感觉。也可以为孩子设置各种有趣的爬行游戏，如钻"山洞"，让他从成人的肚皮底下爬过去；

再比如成人躺在床上，以身体作为障碍物，让他从成人身上爬过去；还可以给他一个滚动的小球，让他"跟踪追击"。

（二）走

1岁左右的婴幼儿开始练习走路。当他们开始走路时，还走不稳，步子显得很僵硬，头向前，前脚掌着地，走得特别快，但是常常会跌跤。造成这种状况的原因有三：一是宝宝身体各部位的比例与成人不同，特别是这一年龄段的宝宝头重脚轻，导致走路时难以保持平衡；二是婴幼儿骨骼肌肉比较嫩弱，骨组织不坚实，肌肉力量较差，还不能有力地支撑身体；三是婴幼儿全身动作不能协调一致。所以，这一时期应加强对宝宝走路时平衡能力的训练。如果宝宝学习走路是在夏天，可以让宝宝光着脚，使脚趾头抓着地面，脚背弓起，帮助宝宝学习平衡。一旦他们会走了，就应尝试穿硬挺结实的鞋子，因为脚丫可以抓着鞋底，帮助肌肉伸缩，使脚掌心发育得更为强健有力。婴幼儿学会自如地走以后，可以让他推着小车走，或者是拖拉玩具走。1岁半的宝宝也可以让其自己上楼梯。

三、提供适合1~2岁幼儿玩耍的玩具

（一）促进宝宝语言发展的玩具

1. 图书、图片

图书和图片要色彩鲜艳，对于宝宝有着很大地吸引力。他们既可以看到图片中的画面，又可认识其中的色彩，并叫他们学习词语。另外，家长还可利用图书、图片给宝宝讲简短的故事，念短小的儿歌。

2. 镜子

镜子对于宝宝的吸引力是相当大的，当妈妈抱着宝宝一起照镜子时，宝宝会表现得非常兴奋，这时，可对着镜子说出五官和身体的某个部位，如手、脚、头等，请孩子指认，也可由妈妈指出五官和身体的部位，请宝宝说出名称。

3. 录音磁带（光盘）

宝宝收听磁带（光盘、视频）中的儿歌、故事和歌曲，这会使得宝宝的语言和乐感得到很大地发展。

（二）促进孩子认识能力的玩具

1. 布娃娃和餐具

宝宝抱娃娃，摆弄锅、碗、勺、盆，认识和了解常见物品及其玩法。

2. 沙水玩具

如铲子、筛子、瓶子，让宝宝随意摆完这些器具，从中获得感性经验。

3. 套叠玩具

如套碗、套盒、套杯、大小瓶盖等。孩子通过摆弄这些套叠玩具，将会获得对大小概念的感性认识。

（三）促进孩子动作发展的玩具

1. 积木、塑胶

积木、塑胶拼搭玩具等构建玩具，这些玩具能促进手部动作发展，比如：孩子把玩具摞高、接长，这就要求手部动作的协调、灵巧。

2. 皮球

可以让宝宝用手掷、滚、用脚踢。

3. 串珠

这种活动能够很好地促进宝宝手眼的协调。

4. 室外运动器具

如滑梯、攀登架等。父母可带宝宝到公园、儿童乐园或者社区活动场所去玩运动器具，既可锻炼胆量又可发展动作。

第三章
2～3岁幼儿的教养要点

第一节 2～3岁幼儿的健康教养要点

一、在户外活动中，发展宝宝运动能力

（一）户外运动的好处

1. 从生理上看

2～3岁的宝宝总是不停地运动——跑、踢、爬、跳、钻、滚等。以后的几个月，他们跑起来会更稳、更协调。经常进行户外运动的宝宝，机体血管的调节功能协调，遇到气候变化可通过自身调节来适应环境温度，不易患感冒等疾病。在户外活动中，阳光中的紫外线照射宝宝的皮肤，可预防维生素D缺乏性佝偻病。带着小宝宝进行户外活动，可以开阔宝宝的视野，让宝宝爱上大自然。

2. 从大脑发育上看

伊利诺伊大学的实验表明，在丰富环境中参加锻炼的老鼠与没有参与锻炼的老鼠相比，他们的大脑产生了更多的神经元联系，脑细胞周围也具有了更多的毛细血管，强化了小脑等脑的所有重要器官。户外运动让脑得到氧，还给脑提供高营养物质，促进其生长，在神经元之间形成更多的连接。有许多证据表明，早期运动刺激对于宝宝的阅读、写作和注意力均有很大影响，经常进行户外运动的宝宝和那些不爱运动的宝宝相比，入学后学习成绩更好，学习的态度也更加积极，身体运动和接受刺激较少的幼儿可能无法发展出运动——快乐的脑联系。

3. 从社会发展上看

在户外玩，给宝宝结识很多新朋友的机会。大多数专家鼓励家长给孩子更多户外活动时间，因为他对宝宝的社会发展是至关重要的。户外活动是帮助宝宝的社会发展和给宝宝互相交流的机会，对促进情感的发展表现在许多方面。首先，一些宝宝可能发现某些活动困难，参加这些活动对儿童提出了挑战，这会增加他们的决心。还鼓励宝宝敢于冒风险，这可能使他们获得巨大的成就感，一旦他们完成了任务，可以增加他们的自信心和培养积极、自信的态度。

（二）户外运动的策略

1. 注重创设丰富的内外环境

研究表明：2～3岁幼儿对环境的依赖性极大，他们发展的能动性只是在别人为他安排好的环境中起作用。因此，家长应在环境创设上下工夫，努力为幼儿创设一个良好的户外活动环境，吸引他们主动投入到活动中来。首先提供幼儿丰富的户外活动玩具和材料，并且要注意将活动玩具、游戏设施与自然环境融合起来，用心找到宝宝的兴趣、要求、原有水平与活动目标的结合点，多选择一些能引起宝宝多种动作的玩具。如沙包，可向远处投掷，既可练习投掷动作，又可练习抛接动作，还能把沙包放在头上顶着走或放在脚背上走，锻炼平衡能力。

除了在物质环境上满足幼儿的需要，在精神上家长更应该相信宝宝，了解宝宝的兴趣、爱好，发展需求，引导宝宝产生自身的需要，逐步形成内部动力定型，最终内化为自觉行为，为他们提供宽松和充满爱与平等的环境。

2. 应调动宝宝的参与主动性

2~3岁的宝宝参加活动的动力以兴趣为主，感兴趣的内容容易引起他们的注意，因此，家长应抓住宝宝的兴趣点，使看似简单乏味的活动游戏化，充分吸引宝宝的注意力，使宝宝主动参与到活动中来。比如，户外进行走、跑、跳、钻、爬的综合练习时，可设计成"寻找宝藏"的游戏，把各种动作编排在一个情节之中。这样一来，宝宝活动兴趣盎然，以更大的热情投入到活动中。

另外，家长在选择户外活动项目时，不能不管宝宝是否感兴趣，只要宝宝不哭不闹就让他去玩。2~3岁的宝宝已经具备了一些简单的运动技能，此时，为宝宝选择的活动应考虑到他的原有水平，不能过于简单，也不能遥不可及，必须是让宝宝跳一跳才可触及的，比如可多选择一些训练平衡、爆发力的活动等等。

（三）户外运动的方法

1. 自主游戏法

宝宝是活动的主人，他们有选择活动的权利，应保证宝宝在活动中有充分的自由度。比如，宝宝在户外活动时，有可能会突然对飘在空中的蒲公英兴趣盎然，边跑边吹；也有可能会对一根落在地上的小树枝感兴趣，独自摆弄；此时，家长应该放手让他们去玩，千万不要因为脏或者今天按规定不玩这个，去阻止宝宝，约束宝宝，家长要做的，是充当一个旁观者，适时地给予恰当的指导或帮助。

2. 亲子互动法

其优点在于家长以玩伴的身份进行指导，不仅拉近了家长和宝宝的距离，而且能使家长在活动中更清楚地看到自己宝宝身上的不足，有利于提高其指导的针对和侧重。比如一场春雨过后，家长带宝宝拿上小铲子、小水桶等工具，找一处有水洼的地方，开始"挖水渠"、"建桥梁"，或引水，或阻流，看着一股股水流被自己引导着流向指定的方向，或者被阻隔在一个小水洼里，宝宝会兴奋地拍手欢笑。这样的游戏常常让他们乐而忘返，不知疲倦。

3. 成功体验法

家长对事物的态度，潜移默化地影响和感染着孩子。户外活动中难免有些磕磕碰碰，因此，家长在户外大活动中应用欣赏的眼光看待宝宝，多给宝宝以微笑或鼓励，使其不怕困难，充分体验成功的乐趣，在成功的体验中得到发展，从而进一步激发他们的自主积极性。

4. 同伴协作法

2～3岁幼儿是在与同伴交往中、与社会的接触中，了解并且掌握为人处世的种种准则与规范的。因此，家长应有意识地利用户外活动时间，提供宝宝与其他小朋友交往、合作的机会，促进宝宝社会交往能力的发展。比如：你抓螃蟹，我拿瓶子，活动结束看到瓶子里的螃蟹，会有一种合作胜利的喜悦。

二、在活动中提高宝宝手指的灵活性和手眼协调能力

2～3岁的宝宝喜欢摆弄、拆分和组装物件，并随着手指和手掌肌肉的逐渐成熟，开始学习一些生活技能，如使用小勺、拉拉链等。幼儿游戏的过程就是学习的过程，他们在摆弄游戏材料、进行精细动作游戏的同时，提高了小肌肉运动能力、手指灵活性和手眼协调能力。

（一）亲子阅读应注意的问题

2～3岁的宝宝已能独立拿取和操作游戏材料，但他们弯腰、下蹲等动作尚不够灵活，因此游戏材料应放置在与宝宝的视线平行的玩具架上或墙面上，使其一目了然。玩具以装在托盘中为宜，既方便宝宝端取，又不遮挡视线。此外，还需考虑材料的不同特点，合理分区。如多数游戏材料都可以让孩子坐在大的垫子上操作，有益于培养宝宝的耐心与专注力，但敲打、摇晃会发出声响的材料应独立放置，以免敲击棒、锤等混乱，甚至折断；用于练习"舀"和"夹"的材料应放在桌面上操作，与宝宝的日常生活习惯培养相对应。

（二）顺应发展的需求，采取相应的指导

所有宝宝都具有与生俱来的"内在生命力"和学习潜力，家长要了解宝宝的智能特点，充分尊重和信任他们，激发这种内在潜力，不仅要为宝宝的精细动作游戏创设物质条件，更要让他们有充足的时间来操作和探索。在陪伴他们开展精细动作游戏时，家长不要急于去干涉和直接教授，而要带着"向宝宝学习"的思想去观察宝宝的兴趣、能力，观察他们作用于材料的方式，然后顺应他们不同的需求采取合适的指导策略。

（三）顺应动作特点，进行具体训练

使用钳子和镊子。让宝宝使用钳子和镊子能帮助宝宝加强手部的灵活度，可以准备一些珠子或其他小的颗粒物，从这个容器夹到另一个容器，在做这件事情的时候，不仅有助于宝宝肌肉的发展，还能让宝宝集中注意力。起初的时候珠子可以大一些，渐渐增加难度，为了增加趣味性，也可以为这样的游戏设定一些特殊的情境。

裁剪和粘贴。裁剪和粘贴是宝宝们非常喜欢的动手活动，如果担心宝宝的安全问题，可以选择不带刀片的安全剪刀。给宝宝们准备一些彩色的纸片，让宝宝自由发挥，不只是单纯地做剪与粘的动作。随着年龄的增长，孩子剪与粘技能提高，可以在纸上画上一些图形让宝宝按照图形的轮廓来剪，也可以在粘贴的时候规定一个主题。总之在宝宝不同的年龄段与不同的熟练阶段做出一些适当的调整。

1. 戳

这个活动准备起来非常方便，首先准备一些纸片和一个能戳破纸片的尖物，在纸上预先画上不同的形状、不同的字母或不同的数字，让宝宝在纸上用戳的形式把这些图形戳出来。在宝宝小的时候，安全性非常重要，这些尖物也许会伤到宝宝嫩嫩的皮肤，家长需要在一旁陪同。

2. 把东西放入带有细孔的容器

把一些小物品放入带有细孔的容器，这能有效地锻炼宝宝手眼协调能力以及培养宝宝的耐心与细心。把牙签放入带孔的调味罐是一个不错的选择，也可以选择将晒衣夹放入汽水瓶。总之，生活中随时随地都可以给宝宝各种各样有益的锻炼，只要是类似的都可以。

3. 穿针引线

这个活动与上一个活动一样，锻炼的是宝宝的手眼协调能力。活动需要的是一种特殊的超大号并且没有尖头的针。对于宝宝们来说这个活动的难度相当大，父母可以先进行一些示范，如果宝宝没有表现出兴趣，也可以将这个活动带入一些故事情节中。

（四）应注意的问题

由于个体差异，有的幼儿只喜欢某一类材料，或者对任何材料都只是作浅层的操作，不能持久探索，家人的参与和鼓励可以改变这一现象。家长要积极参与到宝宝的游戏中，热情地进行示范和鼓励，必要时还可以手把手地带宝宝做，让他们体验到游戏的乐趣，从而保持对游戏材料的兴趣。

2~3岁的幼儿自主性比较差，对外界世界缺乏必要的了解和认识，还不能正确判断哪些行为是安全的，哪些行为是危险的。他们并不理解展现在他们面前的花花世界危机四伏；他们会勇敢地爬下床沿，而摔得放声痛哭，也会毫不犹豫地将手伸向滚烫的水杯；他们会吞下各种稀奇古怪的小玩意儿，如训练用的木珠、枣、豆粒等。要避免这些危险，必须有看护人的精心照管，以免身体上的损伤。大些的幼儿会自己玩耍时，家长更应为其精心选制动作训练使用的玩具。

三、通过儿歌表演操，提高宝宝身体机能的协调性

（一）围绕动作要领渗透儿歌

游戏中要发展宝宝平衡、钻爬、走跑跳等基本动作的协调能力，可以让宝宝模仿各种小动物的动作达到训练目的，例如《小动物找家》中，有小兔、小猫、小狗。单纯的让宝宝听信号走不能调动宝宝活动的兴趣。于是在每次模仿中家长可以结合儿歌，

让孩子按照一定的节奏进行活动。如"小白兔，白又白，两只耳朵竖起来……""小鸡小鸡，唧唧唧，爱吃虫子爱吃米……"，"我是小鸭，嘎嘎嘎，摇摇摆摆扁嘴巴……"。小白兔要求幼儿蹦蹦跳跳到达终点，小鸡则要用小碎步，小鸭子要求左右晃动身体，发展宝宝平衡能力。经过儿歌的渗透，宝宝就喜欢模仿各种小动物的动作特征了。每一次玩《小动物找家》的游戏时都会变换不同的动物，例如小乌龟——弯腰行走；大灰狼——快速跑；小鸟——双臂力量练习等。

（二）用儿歌激发宝宝的动作情趣

2~3岁宝宝都可以拍球了，每天练习拍球，不但提高了宝宝的手臂力量，还可以增强宝宝的自信。起初宝宝对球非常感兴趣，总是爱不释手，每每拍到球心里非常高兴，随时间的推移拍球的兴趣渐渐降温，宝宝总是抱着，舍不得用手拍一拍。为了激发宝宝拍球的兴趣并熟练地掌握连续拍球的动作要领，可以将儿歌渗透到拍球中，如"大皮球，圆又圆，使劲拍，使劲弹……"根据儿歌节奏宝宝又能够激情如初了，并能够连续的拍球了。有时候宝宝会坐到球上休息一下，

图1-77 奖品还是带在脖子上舒服。

家长可以说儿歌"大皮球，真好玩，转一转，转到小宝的屁股下面"，有了儿歌的陪伴连枯燥的活动都会这么有趣。

（三）让儿歌陪伴宝宝日常活动

2~3岁宝宝的自我意识开始萌发，父母们帮宝宝穿衣、吃饭、喝水、洗刷、拉撒的时候，宝宝往往会说"不"，要自己做。为了让宝宝更好的掌握日常生活的动作协调性，家长可以边引导

宝宝边做事边让儿歌陪伴，这些儿歌可以即兴创作，曲调简单，节奏强而有力，像劳动号子一样发挥协调作用。比如：家长给宝宝穿裤子时可以说："咱玩火车钻山洞的游戏吧，宝宝的腿就是火车，宝宝的裤子就是山洞。快来呀，轰隆隆，火车钻山洞！"这时宝宝就会很有兴趣地把脚腿用劲地伸进裤腿里，在和宝宝一起唱儿歌中就把裤子穿好了。想让宝宝把裤子脱掉妈妈可以说："轰隆隆，轰隆隆，火车出山洞！"并随儿歌节奏宝宝就把裤子脱掉了。稍大一点的宝宝，可以模仿妈妈折叠衣服，家长可以编出叠衣歌。甚至吃饭歌、睡觉歌、刷牙歌、搬运歌等等。

图 1-78 获奖真高兴！

四、在大自然中，让宝宝体验运动的乐趣

（一）以大自然材料为刺激物，激发宝宝的运动兴趣

家长要让宝宝亲近自然、接触自然，为宝宝提供具有天然塑成的广阔空间，才更能激发宝宝活动的乐趣。家长可以充分利用树上的果实（如：枇杷果、女贞籽）、路边小花朵、树叶、黄沙等平时较少接触的自然材料，吸引宝宝的注意力、好奇心，让宝宝去蹲、捡、跑、扔、踩等，这种天然刺激物会激起宝宝极大的运动兴趣。

（二）以自然环境为设施增强运动兴趣

家长可以不断利用周边的自然环境，进行身体活动，愉悦身心。若家在农村居住的宝宝，家长可以带宝宝到村边、村头，到田野、地头，路边、地边，采野花，摘野菜，或走或跑，或坐或滚。若家在城镇居住的宝宝，也可以带宝宝在小区边的小土坡进行"远足"，背个小书包，走走、跑跑、上上、下下、认认标记、看看小区，提高运动能力，增强自我保护意识。或与小区内树宝宝一起捉迷藏，以增强综合运动能力，形成勇敢、大胆、自信的个性品质。也可以在小区门前的小水池里玩钓鱼游戏，锻炼宝宝的身体平衡和手眼协调能力；再如，节假日带宝宝放风筝，在边跑边放中，锻炼体力，提高动作协调性，体验"野味"。如此畅快、自由的活动能极大程度上丰富宝宝的活动内容，拉近宝宝与大自然的距离，满足他们亲近大自然的渴望，使宝宝的天性得到充分的发挥，运动热情更加高涨，自主性逐步提升，综合能力大大加强，极大地满足宝宝成长的内心需要。

（三）以感知生物为吸引力，调动宝宝的运动积极性

我国著名的教育家陈鹤琴先生主张："我们的课程以自然和社会为中心"、"大自然，大社会都是活教材。"他的内容比家庭教育教材要丰富得多，生动得多。大自然的一草一木，一花一虫都对宝宝有着莫大的吸引力。特别是2～3岁的宝宝，他们更有着天生和自然亲近的本能，能够和大自然亲密对话，因此家长要尽可能给他们提供一些亲近自然的机会，在他们的眼里小草是他们的朋友，蚂蚁是他们淘气的伙伴。比如若家在农村居住的宝宝，家长可以带宝宝到村外的田野里，利用田野里的生物，调动宝宝的运动积极性；若家在城镇居住的宝宝，家长可以带宝宝去公园游玩，到公园里去走一走、看一看、摸一摸、说一说。公园里的蛐蛐、七星瓢虫、小金鱼都是会激发他们极大地好奇，使宝宝不但感到自由轻松，还沉浸在优美的自然环境之中。

还可以带宝宝到种植园地，参观种花生、种玉米的劳动，可以让他们找一空地，亲自去做一做，在以后的日子里，宝宝可能还会经常去关心它们的成长，问一问花生、玉米要不要喝水啊，过几天我们再来看你噢等等。

另外，还可以常常带宝宝到绿油油的草地上找昆虫等，让宝宝充分感受到春风吹面的和煦，太阳照在身上暖洋洋的感受。宝宝通过外出的种种感知与活动，确实感觉到春天来了。或带宝宝

去秋后的果园，看摸青黄的大梨、硕大的石榴、黑紫的葡萄，还能感受天高云淡的秋爽。家长带宝宝去感受春、秋的做法，远比让宝宝看几幅图片讲述要生动得多，形象得多。在这一系列的感知过程中，宝宝通过动手、动脑、动口、动眼，不仅领略了春天的美好景色，还在轻松愉悦的氛围中，不知不觉地学会了一些优美的词语："美丽"、"绿油油"、"黄澄澄""五颜六色"等，对春天和秋天的印象来得更深刻，可以说收到了事半功倍的效果。

五、亲子游戏

（一）走线

游戏目的：锻炼宝宝身体的敏捷和平衡

游戏方法：妈妈在室外的大空地上写一个大大的"田"字，让宝宝在笔画线上跑动，宝宝跑动时，妈妈应在线上追和堵，要求宝宝一定要踏线跑动。妈妈应根据宝宝跑动的速度调整自己的追堵速度。

（二）往返跑

游戏目的：提高速度和增加耐力

游戏方法：妈妈选择林中的空地，让宝宝自由地滚爬、奔跑、追逐。让宝宝选择一棵大树，以此为终点，跑过去，摸一下大树，再跑回来。妈妈和宝宝比赛，一起跑过去，看谁先跑回来。

（三）美丽的树叶

游戏目的：认识树叶

游戏方法：

1. 爸爸妈妈带宝宝去户外捡树叶，引导宝宝捡颜色、形状不一样的树叶。

2. 爸爸妈妈一边捡一边和宝宝欣赏树叶的色彩和形状，让宝宝触摸树叶，感觉它们不同的外形特征，让宝宝用手指轻轻地触摸光滑的或有锯齿的树叶边缘，或用自己的手与不同的树叶比比大小。并让他说出直观的感觉。

3. 把树叶装到袋子里带回家，擦洗干净。

4. 妈妈与宝宝一起来对树叶做大小、颜色的分类。较小的放一类，红色的放一起，黄色的放一起。

5. 妈妈在白纸上画一个大树干和枝条，和宝宝一起来给枝条贴上树叶。

6. 妈妈再教宝宝用大拇指和食指合作，将大树叶撕成许多小树叶，然后用拇指和食指将小树叶一张一张地蘸上糨糊，贴在树枝上。

7. 也可让宝宝挑出一些好看的树叶，把它压在镜框里，让妈妈写上叶子名称、收集日期、收集人名字等。

（四）卖羊肉串

游戏目的：让小手更灵巧

游戏方法：妈妈领着宝宝到户外走一走，引导宝宝观察树叶飘落的景象，教宝宝认识各种树叶。让宝宝捡起树叶，用一根树枝串起来，像羊肉串一样玩游戏。可以配合语言，进行模拟买卖羊肉串的游戏。

（五）捉虫子旅行

游戏目的：认识昆虫

游戏方法：家长带宝宝去公园或树林里，带上小罐子、镊子、夹子等工具，一边走一边找虫子，尤其是在石头底下，如蚂蚁、蚯蚓、蜗牛等。用镊子或用手指轻轻夹起，放入带盖的罐中。教宝宝认识那些能叮咬或蜇人的昆虫，并帮助宝宝识别无害的昆虫。

（六）走平衡木

游戏目的：走平衡木，对宝宝来说不仅仅是身体的运动，还能促进宝宝大脑、小脑的发育和四肢的协调。

游戏方法：在平衡木上练习，或以身边的地形代替，像马路牙子、花坛的边等等。做此训练应循序渐进，比如应先走宽些的，熟练了以后改走窄一些的；最初两脚交替走，慢慢地要求宝宝脚跟对脚尖，而后要求宝宝两手侧平举，进一步让宝宝手上托点东西———托两杯水，力争水不洒出来或头上顶点东西而不掉下来，到终点后取下附加物，双脚跳下。

（七）寻找小蚂蚁

游戏目的：热爱探索

游戏方法：家长带宝宝到户外，寻找蚂蚁，可以带一个放大镜，让宝宝看蚂蚁身体构造、走动路线，并进一步了解蚂蚁的生活情形。父母须让宝宝在安全的状态下活动，并指导宝宝什么是危险的行为、什么行为影响自然生态环境，建立宝宝尊重自然、爱护自然的观念。

（八）练习跳远

游戏目的：锻炼宝宝腿部肌肉和力量，发展下肢爆发力与弹跳力。

游戏方法：将宝宝带到操场上的沙坑前，父母先做示范，然后让宝宝模仿自己的样子跳远，或者由父母拉着宝宝的手，和宝宝一起跳，坚持长期练习。

（九）学骑小自行车

游戏目的：锻炼宝宝全身协调运动和视觉配合能力。

游戏方法：宝宝选购一辆三轮小自行车，父母先指导宝宝坐到车上，然后帮助宝宝将两只脚放到两个踏板上，让宝宝试着用脚转动轮子。在宝宝骑车的过程中，父母不要离开，以免宝宝摔伤。这项训练能够锻炼宝宝腿部的力量和手眼的协调能力。

（十）挑小棍

游戏目的：训练宝宝的精细动作、专注力和手眼协调能力。

游戏方法：让宝宝把小棍攥成一把后撒开，丢在桌面上，小棍有些会独自散落在一边，有些则叠落在一起。让宝宝捡起那些单独散在旁边的，然后一根一根挑起那些堆在一块的，切记挑拣其中一根时，不能动及其他，否则游戏停止。

（十一）拣豆比赛

游戏目的：训练宝宝的精细动作、细心和意志力。

游戏内容：把黄豆撒在桌子上，家长和宝宝各拿一双筷子，进行拣豆比赛。比赛开始后，用筷子夹起桌上的黄豆，放到各自的碗里。比赛时间为3分钟，看3分钟后谁碗里的黄豆多。注意每次只能夹一个黄豆。

（十二）玩石头

游戏目的：锻炼宝宝的精细动作和想象力。

游戏材料：形状不同、颜色各异的石头、彩笔。

游戏内容：对于大一些的石头，让宝宝仔细观察，充分发挥想象力，问问他们："看这块石头像什么？"比如有的石头像一只小猫的头部，宝宝就可以在上面给小猫画上眼睛、鼻子和嘴；有的石头形状像一间房子，孩子就可以在上面画上门、窗，为房子涂上美丽的颜色。对于一些小石子，家长可以指导孩子在地板上或桌子上堆出一些人物、动物、植物或其他物品的轮廓，启发他们的想象力和创造力。

（十三）瓜子壳贴画

游戏目的：训练宝宝手指的精细动作、想象力。

游戏方法：家长要积攒一些瓜子壳，西瓜子、葵花子、南瓜子的壳都可以，把他们洗干净，再晒干，作为宝宝游戏的材料。初练的宝宝可以先为他们画出动植物的轮廓，在上面涂上胶水，让宝宝把瓜子壳粘在上面，熟练以后让宝宝充分发挥自己的想象力，直接把瓜子壳粘到纸上，贴出一些可爱的动物、植物。

（十四）剪纸游戏

游戏目的：训练宝宝的精细动作和意志力。

游戏方法：宝宝可以剪一些简单的图案，如人的头像、动物、植物等。剪出的图片可以贴到窗户上或柜子上，让宝宝随时能看到自己的劳动成果。

第二节　2~3 岁幼儿的情感与社会性教养要点

一、与宝宝建立安全性依恋

孩子从出生一直到 2~3 岁，是安全依恋关系培养的最佳时期，研究发现亲子依恋关系，不但影响到孩子小时候的探索，还影响到很多方面的发展。包括成人时期的社交、生活。

（一）满足宝宝的身心需求

母亲要尽可能地自己带宝宝，2~3 岁随着活动能力的提高和自我意识的觉醒，宝宝的物质需求和心理需求不断增强，家长应满怀爱意地回应宝宝的物质和情感需求。父母随时注意到孩子的身心需求，例如饥饿、疲倦、害怕、孤单、鼓励，并且及时、适

当地给予满足，对于宝宝的依附需求及行为都能有耐心地回馈反应，让宝宝感到在自己需要时有人能给予满足、照顾、体贴，从而感到温暖、安全和对他人的充分信任。只要宝宝乐意，就要给孩子更多的爱抚、帮助和鼓励，无论是充满感情的言语表达还是搂抱、亲吻、交流、游戏、阅读等。要知道，这时的宝宝是一个爱的"消费者"，只有及时而充分地知道爸爸妈妈是爱他的，他才能与你建立起积极而牢固的依恋关系，才能建立起对他所降生的

图 1-80　宝宝高兴地说："我要上学去！"

这个世界的信任。如此，宝宝便能顺利完成这个阶段的情绪发展任务，在生活中充分发展出独立自主的行为模式。

（二）满足宝宝的探索需求

2～3岁的宝宝对外界一切都感兴趣，而且表现出无畏无惧的探索欲望，这种探索欲望如果得不到应有满足，宝宝就会表现出急躁、不安、哭闹等情绪，会影响良好性格的形成与发展。因此，在满足宝宝基本需求的基础上，用细语慢慢引发他对世界的探索，使宝宝在玩乐中发现奥秘、解决疑惑、增强好奇、释放能量，鼓励他按照成熟的方式行事，使他顺利获得对亲人的信任感，从而与亲人逐渐建立一种稳定的情感关系——安全型依恋。同时，还要尽量拓宽他的接触面，让宝宝在陌生环境中经受"锻炼"和"考验"。2岁以后的宝宝越感到自信和安全，就越独立，而且表现可能也越好。

（三）满足宝宝应有的父爱

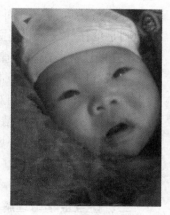

图1-81 爸爸妈妈哪里去了？

中国青少年研究中心研究员孙云晓指出：因为父亲对孩子的生活态度和人格倾向有很大影响，所以在平时生活中父亲要以身作则，从不起眼的小事开始引导宝宝。也可以抽时间陪宝宝进行体育运动，多和宝宝沟通交流，关注宝宝各方面的发展。试想：玩游戏、讲故事（聊天）、去公园的各种活动，有了比妈妈强壮、比爷爷机灵、比外婆利索的爸爸参加，宝宝的世界里不就好像有了一座巍峨的山，这不仅有利于宝宝形成良好的社会情感，还对宝宝的语言发展、动作发展和社会交往能力等有积极的促进作用。

（四）让宝宝知道环境的限制

孩子为了有识别地体验信任感，必须有相当程度的不信任感体验。孩子在2～3岁动作发展很快，爬行、站立、走路，活动范围也越来越广。在这个阶段，孩子有了一定的自主能力，但却不懂得环境的深浅，很容易出危险。父母可以先教孩子学习哪些事情可以做，然后过渡到让他知道哪些事情不能做，使他知道环境对他行为的限制，最终适应环境的限制。如此一来，他知道了信任是对于特定的人和环境，而对陌生环境和人必须要有适度的不信任，这种不信任是确保他的安全不可或缺的因素。所以制定一定的规则或者原则，规范孩子的行为和情绪可帮助孩子建立良好的行为和情感，而有原则的爱他则是信任和安全感建立的基础。

图1-82　爸爸，不要丢下我！

（五）让孩子过有规律的生活

生活有规律会给孩子带来稳定感与安全感。特别是孩子每日的生活作息时间应保持相对固定，这样可以使他习惯每天在某个特定的时间做相同的事情，并能知道下一个时间该做什么事情了。如果经常变化生活环境，变化日常作息时间，会使孩子感到不安。

二、让宝宝学习理解和表达情绪

（一）家长要回应鼓励宝宝表达情绪

宝宝的情绪管理能力是在与父母、同伴的互动过程中，通过情绪的自我觉察、自我调控和自我激励得到不断发展和提升的。从家人对他情绪的回应、鼓励、制止或示范中学到对情绪的理解和表达。2~3岁宝宝对情绪的觉察和应对还处在萌芽阶段，所以当遭遇负面情绪并因此出现过激行动时，他们并不清楚行动和感受之间的关联。帮助宝宝应对负面情绪对宝宝的人格发展是不可或缺的。

（二）表情游戏活动

运用游戏情景，开展表情游戏。如表情脸谱，在表情游戏中，宝宝可联系自己的生活经验，体会不同的情绪状态，从而培养宝宝对情绪情感的认知。

（三）亲情日活动

利用感恩节、生日、纪念日、民俗节日、各种主题节日，让宝宝遵循亲疏层次，按照由近及远的人际关系的层次学会爱亲人（长辈、父母），进而学会爱他人，关注他人的情绪状态，并采用适当情绪的表达方式与他人互动。

（四）参加联谊、聚会或社团活动

在集体活动中，帮助宝宝在与人交往中，真切地体会到人与人之间的关系和人们的情感变化。如几个家庭联合开展"家庭演唱会"，鼓励宝宝参加小朋友的生日等。在这些活动中，成人与宝宝之间充满了平等、友爱、融洽的气氛，宝宝在这样的环境中熏陶，无形中会受到情感熏陶和行为的训练。

（五）艺术感染活动

借助艺术感染力，通过音乐、美术、舞蹈、情景剧表演等艺术形式，鼓励宝宝寄情于景，寄情于物。比如，当宝宝喜欢音乐、喜欢画画，带宝宝到公园或郊游之后，让宝宝说说自己感兴趣的是什么，并且将故事情景用多种形式表现，帮助宝宝把周围的事物的理解和体验表达出来。如在儿童戏剧表演中，宝宝假装不能用语言沟通，必须通过哑剧、手势及脸部表情传递彼此信息，反映生活百态和各种

图1-84　在姨奶怀抱里看
动画片，美着哩！

人物的言行举止，有利于宝宝情感情绪行为的习得，将情绪表达和觉察能力运用自如，从而与人建立自信的关系。

（六）情绪记录活动

家长应教给宝宝关于情绪及其表现的基本知识，觉察自己真正的情绪，帮助他们探索自己曾有的各种情绪，理解对情绪的认识与觉察。从而，提高他们的理智水平和评价，使之正视和理解情绪，学会做自己情绪的主人。从而更好的理解自己和他人的情绪，合理表达情绪。

家长可以准备各种各样的情绪卡，通过游戏或者模仿引导宝宝辨认不同的情绪，随后和宝宝约定，高兴时贴哪一张，生气时贴哪一张，过 10 天半月进行总结，从而，提高他们的理智水平和评价，使之正视和理解情绪，学会做自己情绪的主人。

三、培养自信宝宝的法宝——鼓励和赞赏

有人说"不是聪明的人获得表扬，而是表扬使人获得聪明"。的确鼓励和肯定，不仅能满足宝宝的心理需要，提高做事的兴趣，还能使宝宝在成功中增强自信心，取得较好的教育效果。

（一）鼓励和赞赏的方法

1. 赏识宝宝的点滴进步

比如让 3 岁的宝宝自己穿衣服，不要说："你现在自己穿上衣服，下午就给你买雪糕。"而只需说："你已经长大了，能够自己穿上它了。"在这样的提示下，宝宝努力穿好了，就会感到自己确实已长大了，就会在此后每天的努力中巩固这种感觉，从而自信心大增。成人的评价对孩子产生自信心理至关重要。幼儿时期，家人对孩子信任、尊重、承认，经常对他说"你真棒"，宝宝就会看到自己的长处，肯定自己的进步，认为自己真的很棒。

2. 创造赞扬宝宝的机会

父母给宝宝一些他一定能完成的任务，比如摆筷子、拿鞋子、给爷爷拿眼镜、到信箱拿报纸等，他做到了就表扬。有时也让宝宝做一些比较困难的事，如洗手绢、擦皮鞋、整理玩具上架等，会做了更要表扬，树立他的自信心。早上起床和晚上睡觉要让宝宝自己

穿脱衣服，锻炼独立性。需知自信心和独立性要从一点一滴做起，不是抽象的。因此家长应该正确认识到宝宝的缺点和优点，正确把握，创设良好的机会和条件让宝宝去尝试和发现，发展宝宝的各种能力，并在宝宝取得成绩时，及时表扬，充分肯定进步，才能让宝宝体验到成功的喜悦，产生积极愉快的情绪体验。

3. 强调过程的赞扬

宝宝在完成某一任务或从事某一行为的过程中，家长应对他所付出的努力程度或所运用的方法进行评价，强调他的努力。比如"你真努力！""你今天很认真，不错！""这件事情你做得挺好，因为动了小脑筋！"再如一位家长说他的女儿2岁就懂得给外婆拿药吃，而且准确无误，不会拿错药，还指着水杯说"喝"，家人就及时表扬她：宝宝真孝顺，知道给外婆拿药了。

4. 强调结果的赞扬

家长对宝宝某种行为的结果进行反馈和评价时，应强调他的成绩。如："全答对了，很好！""今天你玩玩具的时候没有去争抢，真好！""你今天吃饭很快很干净，不错哦。""自己会穿鞋子了，还没穿反，真棒。"

（二）鼓励和赞赏应注意的问题

1. 指责和怀疑是自信的大敌

2~3岁时期，面对大千世界，宝宝常常感到束手无策。但是，仍然有勇气进行各种尝试，要学习各种方法，以使自己适应、融入这个世界中。但是在这个时候，家人往往不相信他们的能力。比如一个2岁的宝宝，如果帮助家人收拾桌子，当他手中拿到一个盘子的时候，妈妈会惊呼："不要动，你会打碎的。"妈妈的这一举动会在宝宝的信心上投下阴影，而且推迟了他某种能力的发展。家人们常常不经意地向宝宝展示自己有能力、有魄力、有气力。我们的每一句话，像"你怎么把房间搞得这么乱？""你怎么把衣服穿反了？"这类指责、埋怨的话，都会向宝宝显示他们是多么的无能，是多么的缺乏经验。家长这么做就会使宝宝慢慢地失去信心，失去自己努力去探索、去追求、去锻炼的信心和兴趣。

2. 就事论事赞美宝宝，尽量不要笼统表扬

家长最好采用强调过程或强调结果的表扬方式来鼓励宝宝，应该具体地表扬他的行为。比如："宝宝能自己收拾积木，妈妈很高兴！""宝宝帮助别的小朋友，真好。""宝宝很努力，这一次都比上一次爬得更远，真不错。""宝宝今天数数的时候很认真，没有开小差。"表扬越具体，宝宝越容易明白哪些是好的行为，越容易找准努力的方向。不要不切实际地表扬宝宝。

3. 了解宝宝的个性特点

学会适时适度鼓励赞赏宝宝并不是一件容易的事情，做家长的要仔细地研究与思考，如何去鼓励宝宝，养成经常反思的习惯。要发现鼓励自己宝宝最有效的方法，最重要的一点是深入地了解自己的宝宝。每一个宝宝都有不同的特点，这就决定了家长的方法也是不同的，这就需要家长花时间去找到这种不同处。鼓励宝宝，树立他们的自信心，使宝宝对自己有正确的认识，尤其对内向、怯懦的宝宝家长应该经常性地多鼓励。

四、创造机会培养宝宝的生活自理能力

有研究表明：2 - 3 岁是儿童生活自理能力和良好生活习惯初步养成的关键期。从儿童心理发展规律看，年龄越小越单纯，可塑性越强，越容易接受各种影响和教育，此时家长培养宝宝的自理能力及习惯就越成功。然而现代家长对宝宝各方面的投资越来越多，却忽视宝宝自理能力的培养，对宝宝过分宠爱，事事包办代替，成了宝宝独立性发展的最大障碍。导致许多宝宝不会独立进餐，不会自己洗手、擦脸，不会自己解小便，穿脱简单衣服等。

（一）激发"自己做"的愿望

家长可以创设相应的环境，对宝宝从精神和心理上入手，创设良好的环境气氛，激发宝宝生活自理的愿望。比如：家里来了小客人，可以邀请这些小客人给宝宝表演穿衣服、穿鞋子、叠被子等生

活技能，然后鼓励宝宝："看能不能像哥哥姐姐一样能干"，宝宝会因此产生不甘示弱的心理，从而产生"我自己做"的愿望和行动。

（二）创造"说中做"的环境

儿歌内容具体、直观、形象，朗朗上口，易读易懂，家长教宝宝唱儿歌，并让宝宝边唱边做一些自理的事情是"说中做"的好方法。另一方面儿歌内容直接有指导学习的作用。因此家长可以根据宝宝特点，选一些自理技巧的儿歌，让宝

图1-86 这车还真不好开哩。

宝在唱儿歌做事中学习本领。比如：学吃饭的儿歌：小调羹，拿拿好，小饭碗，扶扶牢，吃干净，真正好。

（三）创造"玩中做"的环境

家长可以把自理能力的培养寓于游戏之中，让宝宝在游戏中，在自己动手操作中进行能力培养。比如角色游戏："给小猫洗脸"，"给布娃娃扣纽扣"等，这类游戏是用拟人化手法的构思情节来巩固自理能力的。宝宝在这些游戏中，会学到一些吃饭、穿衣、整理玩具等基本技能。然后，再帮助宝宝迁移运用到他自己的实际生活中。这种方法，符合幼儿心理特点，自然亲切，生动活泼，收效较明显。

图1-87 看，我学会开车了！

五、创造机会，培养宝宝与同伴的交往能力

（一）创设"请进家"的机会

家长可以在家中举办小小晚会，邀请左邻右舍的家长带着各自宝宝一起参加。尽管孩子在幼儿园或在公共游乐场能够获得机会和同伴交往，但父母还是不妨自己再创设一些活动，观察孩子与同伴交往的特征，再有针对性地进行交往能力的培养。

（二）创设"欢迎您"的氛围

小客人来了，鼓励宝宝拿自己的食物、玩具和用具招待他的伙伴。当宝宝的同伴来家玩时，家长要用热情、温和的态度表示对宝宝同伴的热烈欢迎，而不要用厌烦的态度阻止他们，有意无意地限制和减少同伴与同伴的交往。

（三）创设"走出去"的机会

家长也要鼓励宝宝到别人家作客，多给宝宝创造结交小伙伴的机会。给宝宝空间，多带宝宝出去玩，允许宝宝们单独在一起说"悄悄话"。

（四）创设"我要加入"的机会

平时多鼓励宝宝和小伙伴组成小组共同游戏。父母可以直接教他们学习社交策略。比如当宝宝想加入其他人的游戏时，可以教宝宝友好地向人询问："我可以参加你们的游戏吗？""我想和你们一起玩，可以吗？"或者教宝宝注意观察其他小朋友。当别的小朋友在游戏过程中出现了麻烦，如搬不动东西时，可让宝宝主动上前提供帮助。如果其他小朋友表现得出色，可教宝宝赞美他："你做得真好！"如果宝宝害羞，父母可鼓励他先找和自己差不多的宝宝一起玩，再慢慢去和其他宝宝接触。

（五）创设"同欢乐"的机会

节假日家长可以主动联络，相约一起出来玩，主动为宝宝创设在一起的机会，鼓励宝宝一起游玩、一起活动。父母可以准备一些沙包，教宝宝做丢沙包的游戏；还可以带上小桶、小铲到河

边沙滩上尽情享受水沙情趣。

六、适时培养宝宝关爱、分享等亲社会行为

（一）创设宽松自由的环境，激发宝宝亲社会的愿望。

蒙台梭利认为："要帮助幼儿发展，我们就必须给他提供一个使其能自由发展的环境。"而轻松的心理环境、丰富有趣的物质环境，正是激发幼儿自主交流、合作分享的前提条件。

1. 轻松的心理环境是激发宝宝亲社会行为的基础

在心理环境的创设中，支持是帮助宝宝实现交流的保障，鼓励则可以调动宝宝参与交流活动的积极性。因此，一个轻松无压力的环境是调动宝宝表达、交流的内部动机的必要条件，宝宝在自主、自由的氛围中，有话敢说，有事敢做。他与其他人的互动，在自由活动的过程中建立，这一过程促使其学到和掌握更多的交往技能，从而促进亲社会行为的形成。

2. 和谐的物质环境是培养宝宝亲社会行为的保障

2～3岁的宝宝正处于身体和心理迅速发展的时期，影响他们发展的因素是多方面的。由于宝宝各方面发展具有明显的不成熟性，他们对家人有着更为强烈的依恋，需要家人给予更多的抚慰和关爱。因此，一方面，家长可将室内环境布置得温馨而舒适：柔软的靠垫、温馨的窗帘、低矮的桌椅，尽量给孩子一种安全感。另一方面，家长要爱护宝宝，说话轻一点，动作柔一些，使宝宝产生安全感，并对家长产生依恋，有了安全感宝宝更愿意主动亲近别人，自主自愿和周围的人和事物进行交流，促使宝宝形成分享、同情、合作、帮助、谦让、亲情、友情、关爱等亲社会的行为和举动。

（二）用丰富的游戏活动培养宝宝的亲社会行为

1. 让宝宝从文学作品中引发情感共鸣

2～3岁宝宝的理解力增强，听故事、观看木偶剧、动画片等，这些活动都是宝宝喜欢参与、积极性较高的活动，也是宝宝

能够明白其中道理的趣事。在活动过程中，宝宝往往把自己的情感融入到有情节的情境中去，比较容易引发情感共鸣。比如：通过讲述《你坐前排》的故事，让宝宝了解动物看电影时相互谦让座位，进而懂得谦让是一种美德；通过看动画片《熊出没》，让宝宝了解破坏环境的行为是不对的等等。

2. 与宝宝做丰富多彩的游戏

以一个内容为中心，将关爱、情感内化为宝宝自身的情感认识和关爱他人的教育。家长可以利用与宝宝在一起的点滴时间，开展"谁对谁不对"、"我们都是好朋友"、"学会礼貌朋友多"、"假如我是他"、"关心朋友好事多"、"他怎么了"、"齐心合作力量大"、"谁有困难我来帮"等亲子游戏。通过不同的内容，培养宝宝关爱他人的不同情感。

图 1-89　我看到新鲜事了。

（三）应为幼儿提供良好的示范和榜样

1. 家人的直接教育与榜样示范作用非常重要

2～3 岁宝宝经常因为家人奖励其亲社会行为而学会分享和帮助他人，所以在亲社会行为的社会化过程中，家人的直接教育与榜样示范作用是非常重要的。家人的言行潜移默化地影响着宝宝的亲社会行为发展。当宝宝观察慈善或助人的榜样时，他们自己一般会有更多的亲社会行为，尤其这个榜样是他认识的尊敬的亲密的父母时。比如舒适的凳子让老人坐，好吃的东西分给老人吃等等，待宝宝体验到分享带来的乐趣后，宝宝更会自觉产生分享的动机，模仿成人做出类似的行为。

2. 在与宝宝交往中时时表现出家长的关心

宝宝开心时和他一起分享，宝宝病痛时对他关心、爱抚，做游戏时与宝宝友好协商共同合作，礼貌的对待宝宝，家长自身的品德修养和个人素质的表现成为宝宝社会交往的直接表率。

七、让宝宝认识自己的性别，培养宝宝良好的性别角色行为

（一）以自然的态度应对孩子提出的性别问题

2岁半到3岁期间，宝宝对"我是谁"开始有初步的概念，而对自己的性别的认同，则是宝宝建立自我概念很重要的一环。这个阶段的宝宝开始意识到男女有别。宝宝会很好奇地想知道自己究竟是男生还是女生，究竟是和妈妈一样，还是和爸爸一样。这时，宝宝会提出一些让妈妈感觉不好意思的问题，妈妈如果以自然的态度对待这些问题，宝宝就会顺利地接受自己的性别。比如：玲玲拿两个皮球放在胸前说是"奶奶"（乳房），要妈妈吃，玲玲妈妈愉快地问："玲玲，是不是要扮演妈妈呀？"之后玲玲妈妈抱起一个小布娃娃给玲玲当做宝宝，扮演哺乳。妈妈的做法让玲玲觉得作为女孩是自然的、欢快的。

（二）父母要有正确的性别意识

父母是宝宝在性别角色方面的指导者和模仿对象，所以要注意自身行为的影响，如果爸爸有些"娘娘腔"，或是妈妈习惯大大咧咧地说话做事，都要在宝宝面前有意克服，以免宝宝"依样画葫芦"。曾有一对夫妻到咨询机构做咨询，想知道如何改变女儿的"同性恋"倾向，但是家庭教育指导师仔细观察孩子的母亲，发现她梳着干练的短发，穿着笔挺的制服，在来到咨询室不到十分钟的时间里，接了不下三四个电话，并且在电话里都是指令性的语言，非常强势和霸气，充满了阳刚之感。可想而知，她的女儿从母亲那里学习到的都是男性特征和特质，自身对自己性别的认知怎么可能是"女人"？其潜意识中，女性的阴柔之美也就成为自然的吸引。因此，父母一定要有鲜明的性别特征，让宝宝意识到这两者的不同。否则，儿女的一些同性恋行为，可能自己就是始作俑者。

（三）男孩女孩的教养方式要不同

父母在宝宝的教养方式上也应注意男孩女孩的不同，比如给宝宝取名字、买衣服和买玩具，以及做游戏和谈话等都是不一样的，不同的性别采用的教育方式是不一样的，要符合社会的要求。宝宝在很小的时候，大多家长就会给女孩子买毛绒玩具和洋娃娃，但是给男孩子买的却是小汽车和手枪。

（四）在日常生活中用语言帮宝宝确认性别

如：用"你真是妈妈的好女儿、你真是妈妈的好儿子"来代替"你真是妈妈的好孩子、好宝宝"之类的中性词。向朋友们介绍他时，可以用"这是我的女儿、这是我的儿子"来代替"这是我的孩子××"；路上看到男孩子时，可以跟宝宝说："你看那个小男孩儿多帅！"看到女孩子，可以跟宝宝说："你看那个姐姐长得多漂亮！"男孩在黑暗中给妈妈"壮胆"可以夸奖说："小男子汉"，而女孩给辛苦的爸爸捶背可称他是"爸爸的贴心小棉袄"。这样就能帮助孩子正确地认识自己的性别并强化他们的性别行为。

八、了解简单的社会规则，培养宝宝良好的规则意识

（一）让宝宝做有限的选择

怎样培养宝宝的规则意识，有限选择的方法对宝宝的规则培养非常有效，如果想让宝宝不在房间里跑来跑去，就应该让宝宝选择现在是看书还是画画，而不是"现在你来做什么？"漫无边际的选择会把宝宝推到无法控制的规则之外。把宝宝必须要做到的事定为规则，在这个范围内给宝宝几个可选择的方向，这样不论宝宝选择什么，他的行为都在规则之中，从而自然而然地接受规则。

（二）家长要塑造自己的良好形象

家长塑造自己的良好形象是对宝宝进行家庭教育的一个关键。常言说，子女是父母的影子，道理就在这里。父母的一言一行、一举一动，都是宝宝模仿的内容。当然，家长塑造自己的良

好形象，除了父母之外也包括与宝宝一起生活的其家人和保姆等。家庭中的一些生活习惯：如按时作息，卫生习惯，礼貌习惯等，家长要求孩子做到的，自己首先要做到、做好。社会生活中的要求，如交通规则，家长在与宝宝出行时要自觉遵守，讲公共道德和秩序，以自身行为去影响宝宝。

（三）家长在宝宝面前不要居高临下

家长不要认为自己说的都是权威的话、是不可改变的。父母也是有缺点的、也有讲错话的时候。家长对宝宝的尊重要落在实处，家长更应该是宝宝知心的、可以倾诉的朋友。家长说错话、做错事要勇于承认，宝宝的观点如果正确，就要尊重宝宝的意见。家长尊重宝宝的语言："对不起，是妈妈错了。""爸爸要向宝宝学习。""宝宝比妈妈做得还好！"等。家长应学会怎样与宝宝平等对话。

（四）家长要及时鼓励和表扬

对宝宝守规则的行为家长要不失时机地表扬、鼓励，表扬、鼓励的形式应该是多样的，不仅仅是物质上的满足，还可以用微笑、点头、脸上的表情等，对某一个行为的表现表示赞同，这都是一种肯定、都是一种表扬。父母之间教育要一致、要求要一致、观念要一致、目标要一致，方法是多种多样的，因为每个宝宝的特点是不一样的。

（五）适当采用自然惩罚法

规则意识的形成有时还需付出一定的代价才能使宝宝从他律到自律。适当地让宝宝接受一些自然后果惩罚，是非常必要的，这种方法要有一定的限度，还要与说理引导相结合，要让宝宝感受到父母的爱意。晓之以理、动之以情，再加上示之以不同后果，就能使宝宝慢慢感悟，变得懂事起来。

（六）家长对宝宝要加强引导

早期教育时，家长要多讲规则的用处，让宝宝了解规则无处不在，一定的规则能保证人们更好地生活。家长可以时常反问宝宝，如果不遵守规则会怎样？让宝宝设想违规的后果，引起他对执行规则的正视。规则意识的养成不是一朝一夕的事，也没有整齐划一的是非界限。家长应在生活情境中帮助宝宝逐渐形成明确、统一、灵活又具有可持续发展的规则意识，使宝宝的个性和社会性相得益彰，从而在社会中获得幸福的生活和感受。

（七）培养宝宝执行规则的技能

有时宝宝具备了一定的规则意识，但仍会时常违规。比如有时"起个大早，却赶了个晚集"，并非宝宝故意拖拉，而是穿衣、洗漱等动作太慢，不得要领。那么，家长就要教宝宝做事的方法，培养宝宝的自理能力；寻找又快又好的做事方法和规律，提高宝宝的生活技能。

九、亲子游戏

（一）过家家

游戏目的：合作性游戏，为宝宝合群打基础。

游戏方法：为宝宝搜集一些能做餐具的小锅小碗，甚至一些小盒盖瓶盖之类，宝宝们就能玩起来。宝宝们经常看到妈妈做饭、切菜、摆桌子，只要有一点东西能模仿就能玩"过家家"。不同年龄的孩子都能在一起玩，大的当爸爸妈妈，小的当孩子。大的可以出主意变换游戏的花样，叫小的去买鱼或买水果，一会儿把娃娃、大象、狗熊请来当客人。突然有谁吃多了肚子痛，又导演了一幕去看病的游戏，小餐具又成了打针吃药的道具。互相帮助，发展语言能力，在群体中享受快乐，使过家家游戏成为大小孩子都欢迎的游戏。

（二）超级市场购物员

游戏目的：培养与陌生人交往能力、在外适应能力。

游戏方法：去超市购物前，先拟定购买的东西，记下来。在货架前鼓励宝宝大胆辨认、拿取，买好东西以后让宝宝去付钱。每次金额不要太大，不要超出宝宝的能力范围。

（三）礼貌语言

游戏目的：培养宝宝有礼貌的习惯。

游戏方法：家庭中要注意应用礼貌语言，通过日常的模仿宝宝很容易学会。例如每天早晨起床要问"您早"，渐渐成为习惯，每天早晨第一次遇到人时要说"您早"。平常家长让宝宝干一些杂事时，也不要忘记说："请你给我拿××"。当他递过来时说"谢谢"。也要求宝宝在请求父母帮忙时说"请"。父母帮忙后也说"谢谢"。这样互相礼尚往来才能培养有礼貌的宝宝。当自己离开家或家人离开时要互道"再见"。晚上睡前要说"晚安"。有亲朋来访时要问候"您好"或称呼"叔叔阿姨好"。客人进屋后要让坐。宝宝见惯了父母待客也能知道些一般礼节。客人离开时一定要送出门口，请客人有空再来。客人带来的小朋友要由小主人负责接待，拿出玩具共同游戏。如果宝宝躲避怕生可以暂时不管，千万不要在客人面前数落宝宝。待客人离开之后，只有两个人时才慢慢告诉应该如何去做，鼓励点滴进步。有些宝宝特别胆小怕生，不要勉强他非叫"××叔叔或××阿姨"，如果宝宝不作声就不必勉强，以免由于害怕而重复发音出现口吃。

（四）收拾衣服

游戏目的：锻炼宝宝的自理能力和良好的生活习惯。

游戏方法：1、先让宝宝学习将衣服大致叠好，将属于每个人的放在一起。2、找到衣柜中放妈妈上衣的地方，放爸爸袜子的地方，放自己衣服的地方，将衣服放好。3、如同摆积木那样不让它们掉下来。如果家中的自动洗衣机已调好了时间，只需放入洗衣粉和按开关，也可以请宝宝学习操作，他会倍感自豪，以后他可以学习单独操作。

（五）扮演成人

游戏目的：通过模仿成人生活中的各种活动，发展想象力，并获得社会生活中的经验。

游戏方法：2岁半~3岁的宝宝最喜欢模仿成年人，可以进行以下几种模仿游戏：娃娃家，扮演爸爸或妈妈，将娃娃当成自己的孩子，去为娃娃做饭、喂饭、洗脸、洗澡、洗衣、抱娃娃出去玩，陪娃娃睡觉等。

（六）宝宝待客

游戏目的：增强宝宝社交能力

游戏方法：妈妈扮演客人的角色，来宝宝家串门；让宝宝开门，然后给客人倒杯茶；鼓励宝宝跟客人谈话。妈妈可以多做几次示范给宝宝，指导如何有礼貌的接待客人。

（七）上小朋友家做客

游戏目的：发展与人交往的能力。

游戏方法：上小朋友家首先要向小朋友的家长问好，向小朋友问好。同小朋友一起玩耍时注意只玩小主人拿出来的玩具，不能自己去打开柜子寻找。如果过去曾玩过某一种有趣的玩具，可以提出让小主人寻找。千万不要动用大人的东西，如果有必要，要征得小朋友家长的同意。主人送来的玩具、食物在接受时要道谢，要得到父母许可才能接受。临别时要向主人道"再见"。

（八）环保小卫士

游戏目的：1、能够自觉维护环境卫生，感受环境整洁的美好。2. 会将垃圾分类整理，投入垃圾箱中，并主动提醒游人不乱丢垃圾。

游戏方法：1. 请宝宝说一说应该怎样对垃圾进行简单的分类。请家长为宝宝讲解什么是"可回收利用的"和"不可回收利用的"，增长宝宝的知识。2. 一起在活动场地中找一找哪些是垃圾，看看谁能将垃圾准确分类，并放入垃圾袋或垃圾箱中，做对了就奖励给"环保小卫士"标志。3. 活动完，用消毒纸巾清洁双手。

（九）自信宝宝

游戏目的：引导宝宝学会积极应答成人或同伴的呼唤，体验与人交往的快乐。

游戏方法：家长讲猫妈妈叫小猫的故事。然后家长学猫妈妈叫，请宝宝来学一学小猫回答。然后宝宝藏起来，家长来找宝宝，成人喊宝宝的名字，宝宝要大声回答："哎，我在这里。"游戏指导：家长要鼓励宝宝大胆地表现自己，培养宝宝的自信心。

附故事：山脚下住着小猫一家，有一天，猫妈妈带着小猫去钓鱼，转了一个弯，小猫不见了。猫妈妈可着急了，大声喊："小猫，小猫。"小猫听见妈妈的叫声忙答应："哎，我在这里。"猫妈妈听着声音找到了小猫，可高兴了。

（十）网小鱼

游戏目的：引导宝宝尝试与人交往，愿意挥手与别人打招呼。

游戏方法：此游戏适合几个宝宝一起，家长手拿花环带着宝宝边自由散步边说儿歌，当说到最后一句"快快抓住你"的时候，用花环套住一个宝宝，套住的宝宝停下来向大家挥挥手，并介绍自己的名字"我叫××"，然后大家一起拍手说"××，欢迎你"。游戏可反复进行。

游戏指导：1. 游戏过程中，成人要鼓励宝宝大胆，敢于起立、挥手、和大家打招呼。2. 对交往能力方面比较弱的宝宝，家长要多为宝宝创造与同伴交往的机会。

附儿歌：许多小鱼游来了，游来了，游来了，许多小鱼游来了，快快抓住你！

（十一）认识性别

游戏目的：培养宝宝良好角色意识，提高社会适应能力

游戏方法：家长拿出两个布娃娃，其中一个是男娃娃，另一个是女娃娃，耐心详细地告知宝宝娃娃的性别，增加宝宝对性别的认识。也可以在日常生活中认识性别，如告诉宝宝："妈妈是女的"、"爸爸是男的"、"奶奶是女的"、"爷爷是男的"，问宝宝："你是男孩还是女孩"，教宝宝说："我是男孩（女孩）"。可以指着画册问宝宝："谁是哥哥"、"谁是姐姐"等问题，让宝宝学会辨认性别。

（十二）走路静悄悄

游戏目的：教育宝宝在别人休息时走路要静悄悄的，不要打扰别人休息。

游戏方法：1、妈妈出示小猫、小狗图片，表演它们走路的样子。2、学习儿歌。妈妈和宝宝边学儿歌边表演动作，同时教宝宝认字：走路、静悄悄。3、妈妈问宝宝："小花猫是如何走路的？""小花狗是如何走路的？""你喜欢哪只小动物？""你要学哪只小动物走路？""不学哪只小动物走路？"

附儿歌：

> 走路要学小花猫，脚步轻轻静悄悄。
> 我们不学小花狗，又跑又叫真糟糕。

第三节　2~3岁幼儿的智力开发教养要点

一、亲近大自然，丰富宝宝的感知经验

（一）一起经营花园

没有什么能比双手抓泥巴更亲近大自然的了！即使是没有园艺天赋的宝宝，也能在妈妈的帮助下开始经营自己的花园或菜园子。家长和宝宝一起种植物也是一次很好的学习机会，花园的乐趣可不只是蹲在地上挖土。把宝宝的手印印在花园的石阶上，留作纪念。花朵和蔬菜会枯萎或被摘走，手印却能永远留存。

（二）成为一个观鸟爱好者

家长教宝宝给小鸟们喂食，用从家带来的双眼望远镜观察他们，可以加深宝宝对周围生物的认知感。观鸟可以培养宝宝的耐心，让他学会倾听和观察。可供观察的鸟类有很多种，永远也不知道树枝里藏着的会是哪个新朋友。

（三）寻宝游戏

"信箱游戏"和"地理寻宝"是渴望冒险的宝宝喜欢的活动。

虽然他们有着各自不同的任务，但是这并不阻碍全家总动员，玩转这个全世界流行的"你藏我找"寻宝游戏。小一点的宝宝喜欢在户外享受寻宝和藏宝的乐趣；年龄稍大的宝宝，则会一边破解谜团、寻找线索，一边在笔记本上记下寻宝线路。

（四）家长和宝宝一起手工艺制作大自然

让大自然来到宝宝一展手艺的桌子上。家长和宝宝可以一起设计很多东西来吸引小鸟和蝴蝶。家长还可以从探索中获取灵感，干花做成的图画、精灵屋，还有用叶子做成的艺术品，宝宝凭借着他们对大自然新奇的热爱以及无穷的创造力，制作出许许多多的小玩意。

（五）在宽广的户外做游戏

大自然给宝宝带来的最大乐趣就是宝宝可以在广阔的蓝天下做游戏。家长可重新拾回自己和父母儿时玩过的经典游戏，再和宝宝做这些游戏。也可以和宝宝光着脚丫子在草地上奔跑、大口呼吸新鲜空气，并在原野里教宝宝欢快地感知大自然的美好，让大自然所赠予的这些美好记忆年复一年印在宝宝的脑海里，永不消失。

二、感知比较，引导宝宝探索事物之间的简单关系

比较是思维的重要过程。越善于比较认识事物，掌握知识的能力就越强。因此，家长要引导宝宝善于发现近似事物中的异点和不同事物中的相似点。要想使宝宝养成比较事物的习惯，具备较强的辨别事物的能力，必须经过经常地细致地比较训练。

（一）比较大小

当宝宝玩了皮球、足球、乒乓球之后，家长可让他从中比较出哪个大些，哪个小些。可供比较大小的东西到处都有，如各种大小的碗、盘、瓜、果、树叶……随时随处可进行比较。

（二）比较高矮

在日常生活中，家长可先让宝宝比较同类事物的高矮，如两

幢楼房、两棵树、两个人，然后比较不同事物的高矮，如椅子和桌子、草和树、人和房子。

（三）比较长短

在日常生活中，家长可先让宝宝比较同类物体的长短，如长裤和短裤、长袖衫和短袖衫、长钢笔和短钢笔、长蜡烛和短蜡烛，然后比较不同事物的长短，如猩猩和鹿比脖子、老鼠和松鼠比尾巴、仙鹤和鸭子比腿长。

（四）比较上下

家长可先让宝宝在三维空间中比上下，如桌上桌下、各层楼房、各层书架或玩具架、床上床下、飞机和汽车、飞鸟与兔子、桌子与台灯……然后让宝宝在两维的平面上比较上下，例如让宝宝观察一幅画并指出画上物体的上下位置。

（五）比较薄厚

家长可让宝宝对他的相册和故事本进行薄厚比较；对给他吃的饼干和干饼进行薄厚比较；对给他吃的饼干和月饼进行薄厚比较。各种书本、布料、纸张、被褥等，都可让宝宝进行薄厚比较。

（六）比较轻重

家长可让宝宝比较各类物品的轻重。如足球与乒乓球、厚书本和薄书本、大书与小书、玻璃杯与纸杯、瓷碗和塑料碗……

（七）比较粗细

家长可让宝宝比较两个或两个以上物体的粗细，如两棵树、两支笔、三根管子……然后比较同一物体的粗细，如树干与树枝、腿的上下等。

（八）其他比较

其他比较包括：颜色深浅、粗糙与光滑、温度高低、声音强弱的比较等。在进行以上单因素的比较之后，就可让幼儿比较两个物体的异同，如鸭子和鹅、猫和虎、猩猩和猴子、西红柿和柿子、钢琴和风琴、小提琴和吉他……这是对各种比较能力的综合训练。

家长要有意识引导宝宝进行比较训练，了解事物之间鲜明的本质区别，以锻炼宝宝的分辨能力。比较是区别事物异同的过程，是归纳分类的前提。父母要引导宝宝比较事物的差异，以突出事物的鲜明特征，比较事物的相同点，以归纳事物的共性。二者相辅相成，从而更加鲜明地突出事物的本质，有效地促进宝宝正确概念的形成。通过不断的比较，宝宝可以找到事物之间的联系，加深对事物的印象，逐渐会形成思维的深刻性品质。

三、学习数学，培养宝宝对数的感受能力

2~3岁，一个新奇的、五彩斑斓的世界正日益闯入宝宝的视野和心灵。这个年龄阶段的宝宝对所接触事物的数和量已有明显的体验，即能够分辨出特别多的或特别少的物体，也能区分有明显大小差异的物体，人们把他称作"对事物的笼统感知能力"。不仅如此，宝宝也许已开始出现计数的倾向，是否偶尔听过他口中念念有词地数着"1、2、5、4、8……"尽管这时的宝宝并不会真正地数数，但是数的教育却可以开始了。

（一）教宝宝学习数和量

1. 强化宝宝对数的认识

可以和宝宝一起玩买卖的游戏，首先将家里的肥皂盒、牙刷盒、牙膏盒、纸盒等收集起来，贴上简单的数字标签，由宝宝当老板模拟买卖游戏，让宝宝学会认数。吃水果学数数也是一个妙招，如果家长知道宝宝最喜欢吃的水果，不妨以那种水果为道具，教宝宝数数。

2. 教孩子按顺序念数词

宝宝并不需要在学会了所有的数词以后才开始学计数，但必须先学会一些数词。家长可引导宝宝跟着自己有节奏地念"1、2、3，4、5、6，7、8、9……"这样有节奏地念，愿意念多少遍就念多少遍。愿意往下念多少，就往下念多少，不必在任何一点上停止。因为虽然宝宝对"9""10""11"等等数词的实际意义并不理解，但如果知道了"10"紧接在"9"的后面，"11"紧

接在"10"的后面，绝对会有好处。

3. 让宝宝按要求取 1 个或 2 个物体

家长可以教 1～2 的岁宝宝顺口溜感知数、一对一数数。到了 2～3 岁，他们可以掌握 2 以内的数，能按家人的要求拿出一个物体或两个物体。因此家长可以让宝宝充当自己的小帮手：请他完成一些递递拿拿的简单任务，如：家长在铺床时，可以让宝宝帮忙去拿一个枕头过来；家长若要出门去，可请宝宝帮助把鞋架上的两只鞋拿来等。

（二）教宝宝数数

1. 教宝宝学背数

宝宝还不会说话时，家长就可以通过做婴儿操、上楼时数台阶，给他背数听。还可以给他念有关数序的儿歌，如"一二三四五，上山打老虎……"等。可边念边让宝宝拍手，这种富有韵律的背数歌，可以使宝宝比较快地学会数数。1 岁半左右，应该正式让宝宝学数 1～10，到 3 岁时能数到 50 或者 100。这里的关键是遇 9 进 10 的问题，是背数的难点。最好让宝宝学认 1～9 这几个数字，并按顺序写在大卡片上。遇进位"拐弯"的时候，用手指着应进位的数字，接着往上念。也可以专门反复念"18、19、20"或"28、29、30"、"38、39、40"，依此类推。拐弯进位的难点一攻克，宝宝就能顺利地从 1 数到 100 了。

2. 教宝宝手口一致点数

在 1～2 岁的游戏中宝宝建立了一些"数前概念"，如给物品分类、分清大小、按顺序排队等。在此基础上，可教宝宝点数的延伸。可玩这些游戏：（1）火车积木：把积木当做车厢一块接一块排起来。这是数数的基础之一。（2）图片接龙：让宝宝把图案相同的图片配对、排队。（3）按大小顺序套碗练习排序。（4）学认"一样多"：在桌子上摆出 1—2 个棋子，让宝宝也拿出一样多的棋子。（5）按数取物。在一排积木中，要求宝宝拿出 1 个、2 个、3 个、看他是否拿对。最后一步是教宝宝点数并说出"一共"

几个。让宝宝弄清楚"一共"是什么意思不是件容易事。学习时要循序渐进，一个数一个数地增加。3岁的宝宝应能点数10～12。

3. 教宝宝学会数的分解和组合

在桌上摆3块糖果，先让宝宝点数，一共有几块，让他拿去一块，然后问他桌上还剩几块？他会点数后说出"2块"。"合起来一共有几块？"（将他手里的糖和剩下的放在一起）"3块"。再让宝宝拿走2块，问他还剩几块？合起来一共几块？接着，可让他给大家分糖果，结果爸爸、妈妈、宝宝每人一块，合起来也是3块。渐渐地，宝宝就会明白，3可以分成"1"和"2"、"2"和"1"和3个1。这实际上是在做3以内的加减法。学会了数的分解和组合，才算真正掌握了数的概念。

四、亲子游戏

（一）会唱歌的罐宝宝

游戏目的：通过看看、听听、说说、玩玩，引导宝宝感知声音的不同。

游戏方法：宝宝分别摇一摇装有石头、豆子和纸屑的易拉罐，感知声音的不同。分别打开装有石头、纸屑、豆子的易拉罐，并把里面装的东西倒出来，让宝宝观察，再引导宝宝把这些东西分别装回易拉罐封好，继续感知声音的不同。

游戏指导：家人为宝宝准备充足的石头、豆子、纸屑、易拉罐等操作材料，游戏结束后，提醒宝宝把材料收好，放到指定地点。

（二）欢天喜地跳飞机

游戏目的：宝宝学会跳跃和认识数字

游戏方法：妈妈协助宝宝把大数字板铺在草坪上，然后妈妈发出指令让宝宝跳到相应的数字上，比如妈妈说"1"，宝宝就跳到写有数字"1"的数字板上。不要让宝宝跳相隔太远的数字以免摔伤。

（三）比比脚大小

游戏目的：增加宝宝对自己身体的了解，锻炼宝宝解决问题的能力，增加宝宝对大小概念的理解。

游戏方法：1. 和宝宝比比脚的大小。2. 然后把宝宝的脚和家长的脚放在一起，看看家长的脚比宝宝的脚大多少。3. 和宝宝讨论大小的概念，并告诉宝宝，家长的脚是大脚丫，宝宝的脚是小脚丫。4. 大脚丫和小脚丫都放在大白纸上，家长把两个脚的轮廓画下来，并用剪刀剪下来。5. 把剪下的纸片混在一起，让宝宝指出大小，并请他指出哪个是他的脚样，哪个是家长的脚样。6. 让宝宝自己动手把自己的小脚丫的轮廓描下来，并涂上不同的颜色，做成很多彩色的"小脚印"，家长可以帮宝宝把这些脚印贴在地板上，作为引导宝宝的提示标志。

（四）比比谁的多

游戏目的：增强宝宝对数的理解，学习一一对应数数，激发学习数的兴趣

游戏方法：妈妈可以准备一副棋和一个棋盘，妈妈和宝宝围着棋盘坐下。妈妈让宝宝决定要哪种颜色的棋，宝宝决定好后，妈妈和宝宝各拿好自己的棋子。妈妈说："开始!"宝宝和妈妈将自己的棋子排列到棋盘上，直到妈妈喊"停"为止，然后让宝宝比比谁排的多，谁排的少。妈妈最好根据宝宝排的多少来决定自己排的多少，要让宝宝看到多与少的明显区别。比如，宝宝排 5 个，妈妈可排 10 个左右。妈妈也可比宝宝排的少，以激发宝宝的游戏兴趣。当游戏结束时，妈妈和宝宝一起将棋子一个一个收回盒子里，放一个的时候，说"1 个"，再放一个，说"2 个"，依次类推。

（五）谁的声音

游戏目的：训练宝宝的听辨能力。

游戏方法：1. 用小手绢蒙住宝宝眼睛，让宝宝辨别家人的声音。2. 让宝宝相继听手机铃声、汽车喇叭声、门铃声、小狗叫声、小鸟叫声等，然后让宝宝辨别。

爱心提示：给宝宝听声音音量不宜过大，以免损害宝宝的听觉器官。

（六）听指示，反着做

游戏目的：1. 训练宝宝的判断、反应能力。2. 学习相反词。

游戏玩法：1. 由家长说出一个词，宝宝做相反的动作。起初可以只用一对相反的词来测量，宝宝较大时，就可以用两对，甚至三对相反的词重复测查了。比如：家长说"大圆圈、小圆圈"。宝宝听到"大圆圈"用两只手比成小圆，听到"小圆圈"，用两只手比成大圆。家长随意排大、小顺序。

大圆圈，小圆圈。长大了，变小了。宝宝听到"长大了"就蹲下，听到"变小了"，就举起双臂。由家长随意排列大、小顺序。"向前跑、向后跑"、"长长了、变矮了"、"大圆圈、小圆圈"。由家长随意调整这些词的顺序。2. 要求：宝宝在正确理解反义词的基础上正确反应，正确率越高，说明听觉注意好。

说明：以上的游戏，可由宝宝来"发号施令"，家长严格按照规则来做，以增加游戏的趣味性，发展宝宝的学习能力，要注意宝宝在游戏中提出的问题，培养动脑筋的习惯。

第四节　2～3岁幼儿的语言教养要点

一、多与宝宝进行语言交流，鼓励宝宝用语言表达自己的想法

（一）多和宝宝聊天

现代父母最大的特点，就是"忙"。爸爸忙，妈妈忙，能干的职业妇女在家里最常挂在嘴边的，就是急催宝宝：赶快洗澡、赶快吃饭、赶快睡觉、赶快……一忙、一急，哪有时间、哪有心情和宝宝好好聊天呢？可是，不多和宝宝聊聊，又怎么会知道他在想什么、他想做什么？智慧的妈妈，无论再忙，也会找出时间和宝宝聊天，做温馨的亲子对话，多听他的想法，也适时说理给

他听，给他及时而适当的管教。在与宝宝聊的过程中，宝宝的思维能力、语言能力、辨别是非能力会逐步提高。

（二）和宝宝共商一些家庭事务

如果家里想买一台新的大彩电，父母不妨参考一下宝宝的意见。宝宝可能会拍手说："好啊！"也可能指着旧电视说："我喜欢这个。"如果家里正重新装修，父母忙着讨论每个房间的涂料颜色，这时候宝宝同样具有发言权。他可能会兴奋地说："我要红色，你们要黄色……"

（三）和宝宝分享自己的感觉

有时候宝宝的心理能量也不可小觑的，他们有时也可以帮助父母解开心结。父母身心疲惫的时候，不妨向宝宝袒露自己的想法，当然要用比较形象的方法说明，否则宝宝会听不明白。比如："妈妈今天整理家里卫生很累很累，像外边的一摊泥一样，没有一点儿劲了，今晚上咱们怎么吃饭呢？"宝宝可能会说："咱们上外边吃吧！"、"叫外卖吧！""让爸爸早点回来做吧！""请外婆来帮帮咱们吧！"等等。

二、在日常生活中丰富宝宝的词汇

（一）帮宝宝补词

2~3 岁虽然宝宝掌握为数不多的词汇，但是他会以许多方式来使用这些词汇。他会用一个单词来表达一个整句的意思。如宝宝说"苹果"，可能指"那有个苹果"，也可能指"我想要个苹果"。家长应该帮助他给句子补上余下的词"对，那是宝宝加餐用的苹果"，帮他学说更多的词汇。

（二）扩展谈话内容和主题

帮助 2 岁以后的宝宝发展他的语言，应该尽可能扩充并延长每次交谈的内容和主题。比如，宝宝给家长看一张猫的图片并说"猫"，家长可以补充一些词"对，那是一只猫。"接下来家长还可以指着猫的鼻子问："这是什么？"宝宝会说"鼻子"。然后再问："猫的尾巴在哪儿?"这样，宝宝每次说出的词汇就不止一个了，短的对话也就变成了长的对话。

（三）经常提问

家长可以经常通过提问"这是什么?"、"宝宝在做什么?"这些简单的问题来鼓励两岁宝宝经常使用词语。如果宝宝答不出来，那家长就把答案说出来。通过听家长说，让宝宝学会许多新词，并学会提问题。

（四）及时回应

当宝宝讲话时，家长要表现出高兴的样子，以使其继续说下去。如果宝宝向家长要求什么或表示出对什么感兴趣，家长一定要用词语或动作来回应。尽可能地满足他的要求，对他的谈话充满兴趣。比如：这是你堆的城堡，真漂亮，妈妈很喜欢！城堡、漂亮、喜欢这些词2－3岁的宝宝虽然不常用，但他听家长说后会在头脑中留下印象，天长日久大脑积累这样的词汇会越来越多，渐渐地也就会内化使用了。

三、选择适当儿歌，引导宝宝朗诵和表演

（一）选择合适的儿歌

一般宝宝到1岁半开始，才逐渐学会说些简单句，2～3岁的宝宝，词汇数量增长迅速，可选每句5~7个字，每首6句的儿歌。3岁可念6~7个字，每首6~8句的儿歌。超过宝宝可能适应的范围，无论如何丰富，也不能促进智力开发。太难的内容反而使宝宝失去兴趣和信心，不愿跟着学念。

图1-91 宝宝在参加家庭大奖赛。

（二）增强朗诵兴趣

生动形象是吸引孩子的一个主

要手段，家长教的时候，可以通过夸张的动作，或用手摸玩具、实物等，有节奏地边演边念。稍大的宝宝，所学的儿歌有一定的难度，这是因为儿歌本身受韵律、节奏和字句的制约。为了帮助儿童理解意思，便于背诵，最好把儿歌的内容编成一个短小精悍的故事。总之，让宝宝产生兴趣，乐意一遍又一遍地念，甚至自言自语地念个不停。

（三）增强表演情趣

宝宝针对儿歌的理解配以表演的成分，会让单调的白纸黑字变成生动形象、充满感情的肢体动作，增添许多灵性和情趣。比如利用手指可伸可弯可变形的动感形象，很符合宝宝的年龄特点，会赢得宝宝的喜欢，同时它伴上节奏明快、朗朗上口的儿歌，让宝宝边说边活动手指进行表演，既促进宝宝口语的锻炼，又兼顾手指运动，促进手口一致，也可以愉悦、放松心情。比如：

儿歌：手指歌	动作说明
一个手指点点点	伸出一个手指点宝宝
两个手指敲敲敲	伸出两只手指在宝宝身上轻敲
三个手指捏捏捏	伸出三只手指在宝宝身上轻捏
四个手指挠挠挠	伸出四只手指在宝宝身上轻挠
五个手指拍拍拍	两个手对拍
五个兄弟爬上山	从宝宝的下身做爬山状
叽里咕噜滚下来	在宝宝身上从上往下挠

这个手指游戏让宝宝在无意之中学会了点数、序数、还学会了一一对应，枯燥乏味的数学知识在朗朗上口的手指游戏中完成了，家长教的轻松，宝宝学的轻松。大多数的儿歌不仅简短，而且词语丰富优美，让宝宝得到美的享受和语言的丰富，发展宝宝语言理解能力。

四、选择适宜读物，培养宝宝的阅读能力

（一）童谣儿歌是2~3岁宝宝的首选读物

童谣儿歌是流传多年的老歌谣，是传统民俗文化的浓缩，集合了节庆风俗、儿童游戏、摇篮曲等。如"小巴狗，上南山，吃金豆，拉金砖；我的儿，我的娇，三年不见，长得这么高。"朗朗上口的儿歌，比如"大马路，宽又宽，警察叔叔，站中间，红灯停，绿灯行，小朋友，真高兴"。这些语句读起来是那么爽口自然，情不自禁便要吟唱起来。2岁以后，宝宝便会开始迷上这些中国味儿的童谣儿歌了，时常一边穿鞋，一边嘴里就念出几首来。童谣儿歌贴近宝宝

图1-92 动画片看多了也累眼。

的日常生活，短小有韵律，朗朗上口，风格多样，温馨雅致，语言有音乐的美感，情节富有童趣。

（二）也可以选一些有趣的故事书

故事书具有丰富生动的视觉图像与有趣的故事情节，不但可以启发宝宝对美的领悟，还能培养宝宝在故事情节中尽情地发挥自己的想像。因为只要你仔细分析就会发现好的图画故事书本身就有一大片的空白。可供宝宝从不同的角度自由想像。同时，图画书画面主题简单、突出，便于宝宝观察、表述，并从中受到教育和启示。比如《小猫睡觉》，讲的是一只小猫天黑了不想睡觉，跑到外面找小兔、小鸟、小熊玩，结果大家都睡觉了，小猫也明白了道理，睡觉时间就不能再出去玩了，要上床睡觉了，从小培养孩子良好的生活习惯。通过亲子共读的互动，能使宝宝慢慢地

发展出了解与表达自己情绪的能力。

（三）还可以选一些介绍概念的图画书

这类读物能促进宝宝认知能力的发展。一般来说2～3岁的宝宝就开始学习一些抽象概念，如分类、颜色、形状、空间、数字、相反等。还有大、小、近、远等概念。年轻父母可一边利用读物一边利用身边日常生活中的种种素材来说明。也有一些事物在宝宝的生活范围内一时还无法接触到，生活经验不足的宝宝就能够从具体的图像中快速地理解事物。从而跨入一个更宽广的领域，认识各种已知和未知的事物，在接触真实的图像时，渐渐形成自己的间接经验。

（四）还可以选一些建立宝宝自信的书

对于2～3岁的宝宝，已初步建立了自我意识，而进一步树立起积极的自我概念，又成为接下来更重要的一课。宝宝对自己的评价影响着他日后的学习成绩和与人交往的能力。为什么在面临同样的问题时，有人总是从消极的一面考虑，有人却总能够以积极的心态来对待？这是自我评价和认识的不同，家长对宝宝的早期自我认识引导尤为重要。比如《我喜欢自己》，让宝宝了解到如何去喜欢自己，认清自己的价值。发现自己的特别之处，能够说出"我喜欢自己"，宝宝能在这样的故事中产生共鸣。

（五）还可以选一些点读图书

对于2～3岁的幼儿来说，图和声音是他们获得间接经验的途径，2～3岁也成为宝宝读图的最佳时期。点读图书通过宝宝自己动手点击图案，便能发出抑扬顿挫的各种声音，宝宝感受好奇的同时，手、眼、耳、脑等感觉器官并用，不仅能调动宝宝积极性、增强注意力，还能充分开发宝宝潜能。同时，点读图书可随身携带、随时点击，宝宝自如操作，深受宝宝喜爱。

五、亲子游戏

（一）数音节

游戏目的：让宝宝明白单词是由字组成的，增加词汇量。

　　游戏方法：家长一边和宝宝说他和他朋友的名字，一边打拍子，如豆豆（两拍）、王雪儿（三拍）。也可以试一下其他有趣的词，教宝宝和家长一起拍手。准备好时，教宝宝如何数拍子。

（二）画自然

　　游戏目的：增加宝宝词汇量，认识整体和局部的关系，以及对自然的认识。

　　游戏方法：在纸上画各种动物、花和植物，然后在户外找和图片上的物体配对的东西，如：在鸟的画上，粘一片羽毛；在树的画上，粘一片叶子。告诉他羽毛是鸟的一部分，叶子是树的一部分。

（三）"瓜"聚会

　　游戏目的：让宝宝知道字和声音的联系

　　游戏方法：将许多以"瓜"结尾的事物摊在桌子上，如：西瓜、南瓜、香瓜、冬瓜、哈密瓜等，与宝宝一起举行一个瓜的聚会，一边品尝食物，一边谈论以瓜结尾的词。下次可以试试别的字。

（四）喂养小鸟

　　游戏目的：增加宝宝词汇和对自然的认识

　　游戏方法：用牛奶盒做一个鸟巢。在鸟巢一侧开一个小门，在顶上扎一个洞，系一根绳子。给宝宝一杯谷物让他倒入盒子里。向宝宝建议一些可以挂鸟巢的地方。当小鸟飞来之后，和宝宝讲讲鸟的大小、颜色、喜欢的食物。如果知道的话，你还可以告诉宝宝小鸟的名字。也可以带宝宝到公园或野外看小鸟吃食，喂鸽子等。

（五）玩名片

　　游戏目的：让宝宝掌握归类、配对，用数字、符号表示的技能。

　　游戏方法：用旧的名片背面做配对和分类游戏。在名片背面粘上贴纸或从杂志上剪下来的图片，包括各种形状、动物、数字（给不同类别涂上不同颜色）。如果孩子喜欢，把这些图片给他，让他分类，或者将这些卡片撒向空中，落地后，每捡起一张，说出图画的名字。这一游戏可随着孩子长大而增加难度。

（六）有香味的词

游戏目的：增加宝宝词汇量，锻炼分类和记忆能力。

游戏方法：利用嗅觉来增加孩子的词汇量。收集有不同气味的东西，如洋葱、柠檬、肥皂、花椒、香水、玫瑰花等，让他闻一下物体，了解每种气味，并告诉他这种气味是什么，如香的，有肥皂味的、有柠檬味的。让他贴上标签。有时，你可蒙住他的眼睛，问他所闻到的气味是什么。

（七）寻找语词

游戏目的：让宝宝认识文字，并将文字与实物联系起来

游戏方法：家长家中收集一些物体的图片，注意图片上面不要有物体的名称。再准备一些纸条，每张纸条上写一个物体的名称。让宝宝将图片与写有名称的纸条一一配对。

（八）瓜瓜的布娃娃

游戏目的：1. 让宝宝能听懂儿歌故事，并会简单复述吟唱。2. 培养宝宝安静听儿歌故事的习惯。

游戏方法：1. 妈妈出示布娃娃，给宝宝讲《瓜瓜的布娃娃》的故事。2. 妈妈复述吟唱儿歌故事，然后提问：①儿歌故事的名字叫什么？儿歌故事里都有谁？发生了什么事？②是谁帮瓜瓜捡回了布娃娃？瓜瓜对拉拉说了什么？（3）识字：布娃娃、拉拉、眼睛、瓜瓜、（重点练习"娃娃"的发音）。

附故事

瓜瓜妈妈爱瓜瓜，给他买个布娃娃。这个布娃娃，嘴唇儿红、眼睛大，两只眼睛笑瓜瓜。瓜瓜舍不得布娃娃，不给拉拉玩耍。"轰隆隆"，打雷了，瓜瓜感到害怕，就跑回了家，丢了布娃娃。"咚咚咚"，谁在敲门了？瓜瓜打开门，看见了拉拉。拉拉打着伞，抱着布娃娃，站在门下。拉拉说："瓜瓜，我捡到了你的布娃娃，给你吧！"瓜瓜很惭愧："拉拉……拉拉，谢谢你，咱们一起玩吧。"

第五节　2~3岁婴儿艺术潜能教养要点

一、2~3岁宝宝的音乐经验

此阶段的孩子开始认真聆听音乐，而且能哼唱出比较完整的旋律，在游戏的过程中，孩子也喜欢哼唱或唱出完整的歌。此时，孩子能随着音乐拍掌，而且喜欢演奏乐器。例如：喜欢弹奏钢琴、敲打钢片琴和手风琴乐器。另外，还能一边唱歌、一边跳舞。

（一）2~3岁的宝宝能够表演与读谱

游戏时自由即兴式地唱歌，唱民歌和创作歌曲，允许有时与他人合作时不合拍，不入调。自由敲打简单节奏乐器，探索节奏乐器和环境中的音响。随家人对幼儿动作的击乐伴奏走、跑、奔、拍手、停。知道乐谱为何物，称之为音乐。

（二）2~3岁的宝宝能够创作

探索他们自身嗓音的各种表现可能性；游戏时即兴编唱；在乐器上或环境声源中创造音响。

（三）2~3岁的宝宝能够听和描述

家长要引导宝宝注意倾听经选择的音乐曲目。自发地随各种类型音乐做律动；认识唱与说的不同；通过律动和动作的静止表现对声音及休止的意识；用即兴律动表现对拍子、速度和音高的意识；喜欢听音乐和环境中的其他音响；喜欢听其他人歌唱；喜爱在游戏时唱歌；喜爱用环境的、身边的乐器声源来尝试音乐活动。

二、启蒙2~3岁宝宝学音乐

让宝宝从小接触音乐，并不是要强迫他学习技能，而是要从生活及游戏中帮助他学习音乐，要配合一些音乐游戏，刻意地、主动地启发宝宝对音乐的兴趣，让宝宝积极地参与。

（一）充分认识音乐启蒙教育的重要性

家长应该树立正确的观念，充分认识对宝宝进行音乐启蒙教育的重要性。宝宝心理发展尚未成熟，难以接受复杂的知识结构；孩子生理发展也不成熟，神经、骨骼等没有发育完善，不可能掌握高难度的技巧动作。因此，对宝宝进行音乐启蒙教育的目的在于为孩子打开音乐世界的大门，引导他去观察、欣赏五彩缤纷的音乐天地，从而激发他对音乐的兴趣和探究艺术奥秘的愿望。

（二）培养宝宝对音乐的兴趣

家长在日常生活中要培养宝宝对音乐的兴趣，让宝宝多接触音乐。早晨起床时，播放轻声悦耳的音乐；游戏时，配上活泼有趣的音乐；晚上睡觉时，放一段温柔、安静的摇篮曲。总之，要在生活中恰当地不断提供音乐刺激，激起培养宝宝对音乐愉快的情感，使宝宝的音乐天赋得以很好的发挥。

（三）让孩子主动参与有趣味性的音乐活动

家长要根据宝宝的年龄特点，开展一些简单、有趣味性的音乐活动，让宝宝主动参与，激发宝宝参加音乐活动的愿望。可选择一些富有情趣的、歌词生动的、宝宝能理解的歌曲让宝宝学唱，如《小白兔》、《大公鸡》等，还可教宝宝拍拍手、跺跺脚来训练宝宝的节奏感。准备几种乐器，如电子琴、扬琴、小铃、铃鼓等让宝宝去摸摸、敲敲、打打，感受不同乐器发出来的声音。

三、快乐涂鸦，培养宝宝的想象力与创造力

2 ~3 岁的宝宝喜欢涂涂画画，开始对色彩产生兴趣，喜欢鲜艳、明亮的色彩，能区分不同的色彩。这个时期的宝宝主要通过涂鸦方式表现自己对周围事物的认识，从随意涂鸦向可控制涂鸦阶段发展，对今后视觉、空间知觉的培养至关重要。家长可以给宝宝提供各种画笔，比如蜡笔、油画棒、粗铅笔、炭精条、水彩笔、毛笔、水粉笔等。指导宝宝用单色笔做线画涂鸦，用色彩明亮的彩笔或颜料做点、线、圆的涂鸦，并以常见物品进行对应解

释和命名，鼓励宝宝自由想象赋予线条和圆以实际含义，比如太阳、笑脸等。帮助宝宝逐渐由不经意的涂鸦向有意义的绘画转变，家长可以和宝宝一起边观察边用语言描述边画，但是要引导为主，不要限制了宝宝的想象力。

每个人都是自己生命的创造者，幼儿的自由意志在涂鸦中获得抒发，成为寻求独立及自我探索的内在动力，是自主学习的开端，自信与个人独特性的逐渐形成。

但是涂鸦时专注且伴随创作快感的宝宝，却老是被父母所干扰。看到满纸错乱无章的线条，便以为宝宝不会画，急忙要教他或是送去才艺班，其实从两岁起的"错乱涂鸦"到四岁的"命名涂鸦"这段时期，所画的一片混沌，只有宝宝自己才看得懂，但是只要成人一开始插手指导，这个自我探索的旅程便宣告终止。

当宝宝说"不会画"，家人开始"示范教学"，宝宝便从此养成依赖的习惯，不懂得独立思考，自信心也在家人的指责中丧失。请了解到这是一段自然必经的过程，父母不用急，也急不来，过早介入与干预，就是提早剥夺宝宝体验天马行空想像的自由，宝宝大了，自然开始会逐渐画得像，但却可能逐渐失去可贵的原创性。

看看许多成人眼中所谓"画得好"的作品，却充满了僵化概念及成人拙劣指导的轨迹，家人的无知错杀宝宝的才情，令人惋惜。

家长可在家中创设美工区，准备一个大纸箱，提供一些废纸盒、旧报纸，以及泥塑材料、不用的生活用品，鼓励宝宝大胆动手捏泥、撕纸、粘贴、印画等，满足宝宝探索和表现的愿望。无论宝宝做的怎样，画的图形如何，家长都应该鼓励，并鼓励宝宝说说自己做的是什么，家长可在宝宝充分做和说的基础上，根据宝宝的想法帮助完善作品，同时，家长还应该注意培养宝宝归类收拾作品和材料的好习惯，不乱丢材料和作品。

从两周岁开始可以进行美术教育，制作各种美术作品或动手制作各种玩具。通过美术制作的游戏，可以提高社会适应能力，促进情绪和情感的发展。

经常和宝宝一起参观美术展览，除了让宝宝在家欣赏作品外，还应该到美术馆或美术商店欣赏画家的作品，让宝宝从小接受艺术的熏陶，锻炼宝宝的想象力和眼睛。宝宝会用自己的方式理解作品。家长要多把宝宝带到室外。经常带他去看一些画展、艺术品展等，或者让他走进大自然观察生活中的事物，这样不仅能开拓他的视野，陶冶性情，提高欣赏水平，也能培养宝宝的创造力、和想象力。

家长要引导宝宝多看多想。俗话说："见多识广"，鼓励宝宝多观察是极其重要的，既能发展宝宝的审美意识，还使宝宝接触到各种优秀的美术作品，发现自己的不足，并树立努力奋斗的目标，提高智力与积极性。如在日常生活中，看电视或是散步时，家长可及时引导宝宝发现、观察美的事物；通过看画展或名家名作，给宝宝提供一个向别人学习的机会，既开阔了眼界，又提高了欣赏水平。另外，督促宝宝多动脑思考，善于分析问题，找出问题所在，培养想象力、创造力，增强对美术的悟性。

宝宝最初接触色彩的时候，不要把一整盒的颜色推到宝宝面前，那只会让宝宝盲目乱涂，把颜色一种一种试涂一遍，最后变成像灰泥一样的大色块！这样宝宝还是不了解色彩，爸妈要有计划地陪宝宝"玩颜色"。先给宝宝一种颜色，让宝宝感受到单纯的色彩变化。一种颜色在加进不同量的水后，就会产生明度上的变化，比如蓝色在加进水后颜色变浅，变成浅蓝、淡蓝，加水越多颜色就越淡。这样可以让宝宝了解到一种颜色会有很多的变化。

给爸妈的建议：两岁多的宝宝就可做这个游戏了，要给宝宝选择无毒副作用的颜料和纸张：颜料建议最好用水彩，水彩透明色感好，国画色中的藤黄有毒；纸张建议用国画生宣纸，最好是夹宣，因为普通生宣太薄，宝宝把握不好易烂，生宣纸吸水强可以使颜色晕开，对宝宝来说有趣味性，也易出现色彩的层次感。

　　宝宝对单色逐渐失去兴趣后，就可以鼓励他玩色彩混合的游戏了。同样不要把很多颜色给宝宝，一次先玩两种颜色的混合，比如：黄蓝两种色可以调配出绿色，这会让宝宝觉得像变魔术一般有趣！可以让宝宝在纸上涂画着调色，也可以再拿一个盘子调着玩，所用的颜色多少不同，产生的绿色深浅也不同，偏黄和偏蓝的色彩倾向也不同！甚至可以用透明杯子，把两种颜色稀释后混在一起看看。这个游戏可以玩很多次，只要每次所选的颜色不同就会让宝宝有不同感受，比如：红色和蓝色、红色和黄色……三原色之间的混合产生的变化最大，也可让宝宝试试对比色的混合，比如红色和绿色、黄色和紫色等等。

　　给爸妈的建议：可以给宝宝准备几个普通的白色塑料盘子，不易损坏又可反复利用。一定要以游戏的心态玩，不要觉得浪费，注重宝宝对颜色变化的感受。

四、亲子游戏

（一）音乐问好

　　游戏功能：引导宝宝用自己的声音问好，培养良好的发声习惯和节奏感，激发宝宝的创作力。

　　游戏准备：串铃音乐播放器

　　游戏玩法：妈妈先向宝宝讲个故事，故事的内容是：今天小熊妈妈带着小熊去参加一个舞会，这里的小动物让小熊感到很陌生，于是在小熊妈妈的引导下，小熊很热情地与其他的小动物打招呼，今天小熊感到特别的高兴，因为它又多了很多小朋友。讲到这儿，妈妈可以问自己的宝宝："小熊是怎么和其他小动物打招呼的那？"宝宝可能会说："握手"、"拥抱"、"跺脚"等。等宝宝回答结束之后，妈妈小声地清唱《欢迎歌》，在唱的过程中可以与宝宝握手、拥抱、膝盖对膝盖等。在此同时，妈妈带领宝宝清唱此歌，并创作出各种打招呼的方式。打招呼的方式学会后，妈妈可以播放音乐《如果感到幸福你就拍拍手》，妈妈手拿串铃给宝宝打节奏，宝宝会随着音乐拍手、跺脚。

温馨提示：妈妈唱《欢迎歌》时速度一定要慢，等宝宝熟悉游戏之后再提高演唱的速度。

（二）找奶嘴

游戏功能：三岁的宝宝已经可以辨别声音的强弱了，并用自己的嗓音表现声音的强弱；让宝宝感受3/4拍的音乐节拍。

游戏准备：一个奶瓶；洋娃娃若干；三角铁；音乐播放器

游戏玩法：这个游戏由爸爸先把奶瓶放在一个角落了，只有爸爸和妈妈知道具体的位置在哪。此时妈妈拿出一个洋娃娃，并告诉宝宝，今天洋娃娃的妈妈上班去了，临走的时候托付爸爸、妈妈和宝宝照顾洋娃娃。现在呀！宝宝饿了，我们找个奶瓶来喂洋娃娃吃奶吧！在妈妈的带领下，宝宝和妈妈一起找奶瓶。在没有发现目标的时候，爸爸唱《找奶瓶》的声音大一些，当接近目标的时候，声音就变小。多试验几次，宝宝就会体会到声音变小时奶瓶就在附近。当宝宝成功找到奶瓶时，角色可以调换一下，妈妈和宝宝唱歌，爸爸找奶瓶。这样宝宝可以在游戏中感受声音的强弱的变化。当这个游戏玩累之后，家长可以播放《摇篮曲》，宝宝和家长一起坐"摇篮"。并根据3/4拍节拍"摇摆"自己的身体。为了让宝宝感觉3/4强、弱、弱的规律，爸爸可以在强拍处敲一下三角铁。

温馨提示：在玩此游戏的过程中，唱《找奶瓶》时声音的强弱一定要对比明显，并给予宝宝声音强弱的暗示。

（三）制作干净无害的彩色橡皮泥

材料准备：2杯面粉、2杯温水、1杯盐、2汤匙植物油、1汤匙酒糟、食用色素和香精油

游戏目的：锻炼幼儿的动手能力，有利于身体健康。

可以让幼儿充分发挥他的想象力，制作出自己想象的彩色橡皮泥。

游戏步骤：1. 混合加热，将所有材料混合在一起加热。面团会增厚，直至它变成土豆泥的模样。这个时候，要将面团从中间撕开，使面团足以冷却。揉并且上色，将面团倒在干净的垫子上，揉捏。最后分成小团上色。将面团揉开，中间倒入食用色素和香油，戴上塑料手套或者用保鲜纸包住面团揉搓。使之充分上色。2. 使用和存储，现在就可以玩啦。使用完以后，需要将其放置在密闭的容器里面。如果变干了，只要稍微加点水揉捏几下，就会恢复原样啦。

提醒：1. 准备的材料中，食用色素和香精油是用来上色的。2. 在混合加热的过程中，如果你的面团还是很稀的话，你最好再加热一会。并在这个过程中不断地搅拌。3. 在孩子制作的过程中，可以诱导宝宝将颜色混合，制作出不同颜色的橡皮泥。4. 在整个制作过程中，家长只需在指导或给宝宝打下手即可，当宝宝真的做错的时候，再提示一下就好了。还有一点和制作橡皮泥无关，家长们可以拍下宝宝自制橡皮泥的过程，给以后留下美好地回忆。

（四）给瓶子穿衣服

材料准备：洗干净的空矿泉水瓶、胶水、白纸、颜料、画笔等。

游戏目的：1. 增强宝宝的审美意识，增加宝宝对美术的热爱。2. 发展宝宝的美术表现能力以及绘图能力，发展宝宝的创造力。3. 引导宝宝可以画出他喜欢的东西。

游戏步骤：1. 妈妈先把事先洗干净的矿泉水瓶用胶水贴上一层白纸，并且晾干。妈妈把颜料和画笔准备好，然后向宝宝说明玩法："宝宝，今天我们要玩一个游戏，就是帮这些瓶子穿上漂亮的衣服，你看，这些瓶子都只是白白的不好看，我们一起在瓶子上画上一些漂亮的图画，让瓶子变得漂漂亮亮的，好不好？"2. 妈妈和宝宝每人拿一个瓶子，妈妈先在自己的瓶子上画上一些东西，给宝宝做一个示范，例如画一朵小花，一个小动物等。鼓励宝宝在瓶子上画上他喜欢的东西，什么都可以画，如果遇到宝宝想画但又不懂得怎么画的东西时，妈妈可以帮助宝宝一起画，共同合作给瓶子穿上漂亮的衣服。3. 当瓶子画好以后，还要放在干燥的地方，让颜料晾干，这样一个漂亮的瓶子就做好了，做好的瓶子可以摆在客厅或者宝宝的房间当装饰品。

提醒：首先，宝宝由于年龄小，可能在画图的时候会存在一些困难，这时妈妈就要积极的鼓励宝宝，并且引导宝宝画出他想画的东西，另外，在使用画笔和颜料的时候，宝宝可能会弄得比较脏，妈妈可以事先给宝宝穿上一些旧衣服再画。

第六节　2~3岁幼儿的教养环境设计

一、创设可供幼儿生活探索的空间

（一）应该利于幼儿的行动

这一年龄段的宝宝因其活动的范围很大，所以要为孩子提供一个适合其运动的环境。比如，应当创造一个家具和用品符合儿童及与他的能力相匹配的环境，才能有助于发展他的潜力。比如，挂衣服的衣钩正好在他伸手就够得着的地方，门的扶手大小也正好能被他的手握住，房间里的小凳子的重量要正好适合他的臂力，使他搬起来不至于太沉重。如果家长给宝宝这样一个合适的活动环境，他在这种环境中能表现出积极的生活态度，这样的幼儿不仅会在这里十分愉快地生活，而且内心会充满活力。

（二）有幼儿容易拆卸的玩具

这个年龄段的宝贝儿常常喜欢损坏他手中的玩具，尤其不珍惜那些特意为他们购置的玩具。他们这样的行为只是因为想知道"这东西是怎么做的"，也就是说，他想在玩具里面寻找有趣的东西。因为，玩具在外观上没有任何使他感兴趣的东西，所以，有时候宝贝会像对待仇敌一样，用力将一个玩具打碎，以此探索隐藏在里面的奥秘。不要给宝贝那种粘贴得过于牢固，宝贝完全不能移动和拆卸的玩具，那样对开发宝贝的智力并没有好处。

（三）给幼儿独立的生活空间

给这一年龄段的宝贝布置房间、买家具只是给宝贝独立活动环境的一个方面，更重要的方面，是给宝贝爱和安全感。蒙特梭利也讲过这样的现象，就是穷人家的母亲因为经济条件的限制，请不起保姆，只好把宝贝随时带在身边，但这样的宝贝，心理反而更健康；而富人家有保姆，母亲往往把宝贝扔在一个豪华的房间里，让保姆看着就离开了，这样的宝贝长大后反而有更多心理问题。现在经济条件越来越好．如果妈妈只注意给宝贝物质的满足，却忽视给宝贝来自妈妈的无私的爱，和宝贝做情感的交流，那么，即使给宝贝布置了可爱如宫殿的房间，对于宝贝的心理健康也是无济于事的。

（四）家中设备要一切以宝宝为主

以宝宝为中心，不是只看近程目标（适合他活动），而是为了培养他能够一切自己动手，不去依赖他人的"独立"性格。

吃饭的桌、椅、抹布等，都应适合宝宝的尺寸。家长只要设想：从宝宝一上饭桌，到吃完饭后下桌的中间会经过哪些环节？而哪些是过程中所需用的物品？以及他们的大小、轻重等等，都必须是适合宝宝能够使用的。

为宝宝安排了一个高度适中的衣柜，让他可以轻易地打开，将自己的衣物放入、挂好……

在住的方面可以从同房间小床逐渐过渡到单独房间，把宝宝的物品单独归放。除了为他安排各类适用的小鞋外，还要安排一个空间，可让他把自己的鞋子放整齐。

（五）环境布置要安全、美观、有秩序

专家提出儿童安全家庭环境《八字诀》："小、尖、长、湿；软、窄、高、干。"即细小的物品切记做好整理、保管，防止宝宝随手吞入口中或塞入鼻中；尖锐物品要妥善保存，严防儿童拿取；细绳、电源插座都包好，做好固定；湿滑的地面是宝宝安全的隐患；家庭布置要注意家具、转角、地板等处的柔软，防止撞伤；楼梯扶手、窗栏间距保持10公分以下，严防宝宝钻过；家庭洗涤用品、药品、燃料、农药应放到儿童拿不到的地方；保持居家干燥，防止滑倒。不要让幼儿独处，要有家人的看护。给玩具之前，要检查有没有部件松脱，有没有容易被揪下来。确保玩具即使被吮在嘴里也是安全的（油漆、染料都无毒）。要想吸引宝宝的注意力和养成爱好整洁的习性，设备布置的美观与否也是重点之一。应该要朴实亮丽，而不是"昂贵的，就是最好的"，太过的奢华耀目或复杂灵巧对宝宝并没有好处，只会分散他们的注意力。

"有秩序"，并不只是说每样东西都有条不紊。而是更进一步地指陈设的顺序，都经过家人考量过小孩的接受程度、需要，使用上以及归还是否能够方便而言。因为秩序对幼儿的意义重大，幼儿会在有秩序的环境中，容易经由"自己的观察"，找出自身之外物与物以及自己和它们之间的关系，借以促进心智的吸收。同时，有秩序、爱整洁的习性，也都是经由美好的环境而培养的。要给宝宝智能上的启发，环境中的设计和整齐是第一步要下番功夫的。

二、提供能让幼儿进行走、跑、跳、投掷等活动的运动空间

（一）走

鼓励宝宝向不同方向走；侧着走或倒着走，有节奏地走（步幅均匀），曲线走（培养控制能力），在不同的路面上走（沙地、草地、鹅卵石地等），上、下楼梯。训练大肌肉运动技能和平衡感，促进其足弓的形成以及神经系统的发育。

（二）跑

2岁以上幼儿已会协调地跑，可以四散跑、追逐跑、障碍跑（1~2个障碍）。此时不追求速度，以引起幼儿跑的兴趣和欲望。

（三）跳

2岁左右的宝宝会双脚原地跳，学小兔双脚向前跳。这时候，不要求节奏，只要求两脚离地。可在地毯、蹦床或草地等软物上

跳。在家人的保护下从高处往下跳，从低处往上跳（不宜过高）。到了3岁时，幼儿还可学会单脚跳等比较复杂的动作。跳的练习有助于婴儿身体两侧的运动结合起来，逐渐使动作变得统一和协调，这种能力对于视觉—运动知觉的发展是至关重要的。跳的经验，有助于全面地发展幼儿大肌肉的运动技能。为了让幼儿学会使自己的身体跳离地面，家人首先应该让宝宝多练习身体的爬行，以及沿着狭窄的、逐渐升高的倾斜木板向上行走等类似的活动。这些活动能发展幼儿两腿的肌肉力量、身体的平衡能力和身体活动的协调能力以及在空中的感觉，能使幼儿的跳跃能力得以增强。

（四）投掷

投掷不单是胳膊和上半身的运动，通过准确地投掷，还可以训练运动的灵巧程度。家人可以为宝宝提供各种各样的球，让宝宝接住滚过来的球，往上、往前抛球。

（五）玩的运动器具

在成人保护下让幼儿蹬三轮童车、骑摇马、荡秋千、爬小型攀登架。摇摆运动可以锻炼幼儿的平衡能力。在摇摆过程中，随着器材方位的变化，要求幼儿及时地调整自己的身体，以保持身体重心的平衡。幼儿在这些身体运动中，会逐渐认识到身体各部分的功能以及对自身存在的感知，有助于增强幼儿整体的平衡感觉以及视觉、听觉和动觉的调节能力。攀登活动能促进韧带的发育，强壮幼儿的肌肉，发展婴儿身体的控制能力，适应空间变化，增强幼儿的自信和自我意识。

三、创设良好的语言学习与社会交流环境

（一）流畅表达自我

说即表达性语言，俗话说"一句话讲得人笑，一句话讲得人跳"，这"笑"和"跳"之间讲究一个语言技巧。培养宝宝的这个表达能力，能让他流畅地表达自己，也能让他流畅地表达对别人的喜爱。

（二）早期阅读助交流

家长有时会看到宝宝小小的人儿捧着一本大大的书，表明他在阅读。现在非常提倡早期阅读，早期读外语，早期读图画书等。在阅读里就包含着两个比较重要的问题，就是阅读节奏的问题和发音问题，宝宝们都喜欢"小宝宝"、"宝宝笑"等押韵、有节奏的语句，因为它包含一种韵律。而发音的准确性，则对宝宝与他人的交流起着重要作用。

图 1 - 93　宝宝学着小狗吐舌头。

（三）家人的言语范例

幼儿学习语言的基本方法是模仿，从发音、用词到掌握语法规则无不如此。因此，家人的言语质量，在一定程度上决定着宝宝言语的发展水平。家长的言语就是宝宝直接学习的榜样。

家人的言语范例应表现在：发音正确，坚持讲普通话；词汇丰富，用词确切；口语清楚明确，文理通顺，有文学修养，富于表现力；在表达方法上要适于宝宝的接受水平；讲话的语调要使宝宝感到亲切；讲话的速度和声音大小，以宝宝能听清为准。总之，从内容到形式，家人的言语都应是幼儿的榜样。

家人的言语要符合宝宝的接受水平，应以宝宝能理解，或经解释能够理解为原则。但不能错误地认为要注意儿童的特点，就去讲"小儿语"。家人的责任应是不断地扩充宝宝的新词，告诉他事物的正确名称，逐步培养他们能听懂成人的言语。

为了以正确的言语影响宝宝，家人对自己的言语应十分注意，应多看些文学作品，多听广播中的朗诵、讲述。更重要的是自己多练，特别是方音较重或有语病的成人更是如此，以不断提高个人的言语修养。

四、提供适合2～3岁幼儿玩耍的玩具

拼图游戏、玩的面团、粘贴物、彩色书、彩色笔、手指画用具、硬纸板书、乐器，各种动物形象的毛绒玩具、玩具餐具、玩具家具、小桶、小铲、小漏斗、小喷壶等。

简单的拼图玩具、成套的小盒、拼插玩具、中小型的积木，各种玩具交通工具如：小汽车、卡车、儿童三轮车、救护车、电动飞机、小汽车、轨道火车、套环等。

大皮球、小皮球、篮球圈、木凳、磁性字母和数字、图钉板、需要自己装配的玩具、简单的卡片游戏和大型拼图、厨房设备玩具。

各种可用来涂抹的颜料、简单的游戏拼图、简单的建筑模型、旧杂志、篮子、带盖的食管或容器、橡皮泥、活动玩具，如小火车、小卡车、假想的劳动工具和厨房用品、各种角色的木偶、适合搂抱的玩具动物或玩具娃娃。

假手枪：通过玩带扳机的玩具手枪，锻炼手劲。开始玩硬塑手枪，食指不用多大劲儿就能勾得"咋、咋"响。到两岁半后，可换玩塑钢手枪，用食指很费劲才能勾得"咋、咋"响。到两周岁后，还可换玩不锈钢手枪，比较重，打响之前，需费很大劲儿用手拉开枪栓，然后才能用手指勾响。这样孩子的手和手指可锻炼得越来越有劲。

骑童车：通过骑童车，锻炼腿劲。童车是孩子的最好玩具之一，既可以锻炼身体，又可使手、眼、脚的动作协调一致，掌握平衡和控制的能力。

各种球：玩球可锻炼全身。一周岁起开始玩球，先是玩小皮球，用手拍。接着就是玩小排球，小足球，羽毛球，用手打，用脚踢。两岁半后，还可玩标准型少年小足球，连踢带跑，锻炼了全身各个器官，并使全身动作协调发展。

无论家长规划、设置怎样的物质性环境，实际上幼儿最喜欢的还是人际交往活动。因此，我们要利用环境观察婴幼儿的活动，和他们一起活动，从而激发他们的活动兴趣，发展他们的能力。

教养好0~3岁宝宝，是父母的天职。本书力求能满足初为人父母的年轻家长获取教养宝宝的系统知识和全面细致指导的迫切要求。全书包括《0~3岁婴幼儿的生长发育和心理发展》、《0~3岁婴幼儿的生活照料和保健护理》、《0~3岁婴幼儿的教养要点与亲子游戏》三编，每编分别阐述了0~1岁、1~2岁和2~3岁三个年龄段婴幼儿早期教养相关领域的知识和操作方法，具有较强的科学性、实用性和可操作性。

本书是由主编、河南省教育厅关工委家教中心副主任杨玉厚编审主持，会同南阳师范学院学前教育系主任李玉峰教授，组织对学前教育较有研究的教育科研人员、学院领导和教师共同编写的。各篇、章、节编写人员如下：

李玉峰：第一编；贺林珂：第二编，第三编第一章第六节、第二章第六节、第三章第六节；李辉：第三编第一章第一至第四节；王晓红：第三编第二章第一至第四节、第三章第一至第四节；易阳、张俊超：第三编第一章第五节、第二章第五节、第三章第五节。

在编写过程中，大家认真学习了国家有关文件，经过反复研讨，确定了编写体例和编写提纲，分别成稿后，由李玉峰统稿，又经本书副主编、省教育厅关工委家教中心总编室主任惠国钟修改，并请河南教育学院荆建华教授审阅，最后由主编杨玉厚定稿。

本书的编写得到了南阳师范学院有关领导和河南人民出版社及一些相关机构的大力支持和帮助，在编写中参阅了一些家教书籍、报刊和资料，在此一并表示诚挚的感谢！

由于我们水平所限，书中还存在不少缺点和不足，诚望广大家长和专家批评指正。

编者

2015 年 12

宝宝成长的足迹